乡村建设工匠培训大纲

乡村建设工匠培训大纲编写组　编写

U0291246

中国建筑工业出版社

图书在版编目（CIP）数据

乡村建设工匠培训大纲 / 乡村建设工匠培训大纲编写组编写. —北京：中国建筑工业出版社，2024.6
ISBN 978-7-112-29881-5

Ⅰ. ①乡… Ⅱ. ①乡… Ⅲ. ①农村住宅—建筑工程—工程施工—技术培训—教学大纲 Ⅳ. ① TU241.4-41

中国国家版本馆 CIP 数据核字（2024）第 107201 号

责任编辑：李 杰 李 慧
责任校对：李美娜

乡村建设工匠培训大纲
乡村建设工匠培训大纲编写组 编写
*
中国建筑工业出版社出版、发行（北京海淀三里河路 9 号）
各地新华书店、建筑书店经销
北京建筑工业印刷有限公司制版
天津安泰印刷有限公司印刷
*
开本：965 毫米×1270 毫米 1/16 印张：6¼ 字数：190 千字
2024 年 6 月第一版 2024 年 6 月第一次印刷
定价：**25.00** 元
ISBN 978-7-112-29881-5
（42986）

前　　言

乡村建设工匠是乡村建设的主力。2022年新修订的《中华人民共和国职业分类大典》将乡村建设工匠作为新职业纳入国家职业分类目录。为落实《住房和城乡建设部　人力资源和社会保障部关于加强乡村建设工匠培训和管理的指导意见》(建村规〔2023〕5号)的要求，进一步规范乡村建设工匠培训工作，大力培育乡村建设工匠队伍，更好服务农房和村庄建设，住房和城乡建设部村镇建设司组织编写了《乡村建设工匠培训大纲》(以下简称《大纲》)。

《大纲》按照《国家职业技能等级认定培训教程编写技术规程》要求，依据《乡村建设工匠国家职业标准(2024年版)》确定的4个职业方向、5个职业等级，明确了乡村建设工匠4个职业方向的教学基本要求、培训学时以及基础知识教材内容、职业技能等级教材内容，提出了乡村建设工匠应具备的专业知识和实践能力要求。《大纲》内容和要求是组织开展乡村建设工匠培训教学活动的重要依据。

《大纲》由周铁钢、梁增飞、杨洪海、何青峰、周明、赵昭、程红艳、万健、黄爱清、厉兴、王东升、朱立新编写，西安建筑科技大学周铁钢担任主编并统稿。住房和城乡建设部人力资源开发中心、中国建筑工业出版社提供了大力支持，行业专家贡献了宝贵意见，在此表示衷心感谢。

目　　录

乡村建设泥瓦工培训大纲

一、制定依据

为加强乡村建设工匠培训管理工作，规范教学行为，提高培训质量，根据《乡村建设工匠国家职业标准（2024年版）》确定的四个职业方向（乡村建设泥瓦工、乡村建设钢筋工、乡村建设木工、乡村建设水电安装工）、五个职业等级（初级、中级、高级、技师、高级技师），以及本职业基本要求、工作要求、权重表等方面内容，并按照住房和城乡建设部的相关要求，制定本大纲。

二、性质、目的和任务

本培训大纲以《乡村建设工匠国家职业标准（2024年版）》为依据，以提高职业技能为核心，以职业活动为导向，承上启下建立职业标准与职业技能培训要求及培训课程之间的联系。

本培训大纲根据乡村建设工匠职业培训教学规律，明确培训课程内容和教材结构，制定清晰的教材编写大纲，指导后续系列各职业方向培训教材的编写工作。

通过本培训大纲及相关课程的理论学习和实际操作教学，培养造就一支高素质、职业化、扎根乡村、服务乡村建设的工匠队伍，为提高农房质量安全水平、全面实施乡村建设行动提供有力的人才支撑。

三、教学基本要求

（1）以提高职业技能为核心，以职业活动为导向，突出乡村建设工匠职业培训和资质认证的实用性，打破习惯上的知识的完整性和系统性。

（2）按照“用什么，学什么，考什么”的原则，强化乡村建设工匠各职业方向应掌握的知识点，做到应学应知、应知应会。

（3）学习理论知识的同时，注重实际技能操作，以培养乡村建设能工巧匠为目标。

（4）授课应以国家职业标准和培训大纲为依据。在完成规定教学内容的基础上，可适当补充新技术、新方法、新设备内容，以更新知识、扩大视野，但考试不能脱离标准和培训大纲。

四、培训教学学时安排

乡村建设工匠培训教学学时安排如下：

乡村建设工匠等级	五级和四级	三级	二级和一级
国家职业技能标准规定培训学时	80	66	52
培训标准学时	80 （理论 24、技能 56）	66 （理论 24、技能 42）	52 （理论 24、技能 28）

每 1 个标准学时为 45～50 分钟。

每个学员的理论培训时间每天不得超过 8 个学时，技能操作时间每天不得超过 4 个学时。

五、大纲说明

（1）本教材培训教学大纲适用于参加乡村建设工匠培训的人员。

（2）本教材培训教学大纲为指导性教学大纲，各地在使用时应依据本职业的国家职业技能标准，结合实际情况，制定实施性培训教学大纲。

（3）鉴于乡村建设工匠职业刚刚列入大典，各地培训基地、培训机构与师资队伍建设及相关考核评价机制尚需进一步完善，大纲未涉及二级 / 技师和一级 / 高级技师的技能培训内容。后续根据培训工作实际进展和成效，在经验总结的基础上再行修订培训大纲。

六、基础知识教材内容大纲

表 1　基础知识教材内容结构表

基础知识培训要求			基础知识培训课程规范				
基础知识模块	培训课程	培训细目	学习单元	学习内容	培训方法	培训学时	教程字数(万字)
职业道德基本知识	1. 职业道德的内涵、特征与作用	1）职业道德的内涵 2）职业道德的特征 3）职业道德的作用	1. 职业道德	1）职业道德概述 2）职业道德主要范畴 3）乡村建设工匠职业道德	讲授法	1	0.6
职业守则	1. 质量至上、安全第一	1）质量安全意识 2）质量安全事故	1. 职业守则	1）质量安全意识概述 2）工程建设质量安全事故案例剖析	讲授法	2	1.2
	2. 爱岗敬业、忠于职守	1）爱岗敬业 2）忠于职守		1）爱岗敬业精神与模范人物 2）忠于职守精神与模范人物			
	3. 遵纪守法、团结互助	1）建设行业主要法律法规 2）团结互助		1）建设行业主要法律法规 2）工匠协作精神			
	4. 严谨务实、诚实守信	1）严谨务实 2）诚实守信		1）严谨务实、传承创新 2）诚实守信、立身之本			
	5. 钻研技术、勇于创新	1）能工巧匠 2）创新精神		1）能工巧匠与钻研精神 2）乡村建设需要创新精神			

续表

基础知识培训要求			基础知识培训课程规范				
基础知识模块	培训课程	培训细目	学习单元	学习内容	培训方法	培训学时	教程字数（万字）
识图知识	1. 建筑识图基本知识	1）建筑识图基本知识 2）建筑施工图 3）结构施工图 4）水、暖、电施工图	1. 建筑识图基本知识	1）乡村建筑识图基本知识 2）建筑施工图图例解读 3）结构施工图图例解读（高级工） 4）水、暖、电施工图图例解读（高级工）	讲授法、讨论	1	0.6
	2. 建筑结构与构造基本知识	1）建筑构造基本知识 2）建筑结构构造基本知识	1. 建筑与结构构造基本知识	1）乡村建筑类型 2）建筑结构与类型 3）建筑构造与做法 4）建筑结构构造与做法（高级工）	讲授法、讨论	2	1.2
计算知识	1. 建筑面积计算知识	1）建筑面积的概念 2）建筑面积计算规则 3）建筑面积计算实例	1. 建筑面积计算知识	1）建筑面积的基本概念 2）建筑面积计算的基本规定 3）建筑面积计算方法算例演示	讲授法、讨论、演示法	1	0.6
	2. 基础土方量计算知识	1）土方量的概念 2）土方量计算原理和方法 3）土方量计算实例	1. 基础土方量计算	1）土方量的概念及基础知识 2）计算土方量的原理和方法 3）土方量计算方法算例演示（高级工）			
	3. 钢筋、混凝土与块材、模板、架体材料用量计算知识	1）钢筋工程量计算基础 2）混凝土工程量计算基础 3）块材工程量计算基础 4）钢筋工程量计算规则与计算实例 5）混凝土工程量计算规则与计算实例	1. 钢筋、混凝土与块材工程量计算	1）钢筋工程量计算基础和规则 2）混凝土工程量计算基础和规则 3）块材工程量计算基础和规则 4）钢筋工程量计算算例演示（高级工） 5）混凝土工程量计算算例演示（高级工） 6）块材工程量计算算例演示（高级工）	讲授法、演示法	1	0.6
		1）模板工程量计算 2）架体工程量计算 3）模板工程量计算规则与计算实例 4）架体工程量计算规则与计算实例	2. 模板和架体工程量计算	1）模板工程量计算基本知识 2）架体工程量计算基本知识 3）模板工程量计算规则 4）架体工程量计算规则 5）模板工程量计算算例演示（高级工） 6）架体工程量计算算例演示（高级工）			

续表

<table>
<tr><th colspan="3">基础知识培训要求</th><th colspan="5">基础知识培训课程规范</th></tr>
<tr><th>基础知识模块</th><th>培训课程</th><th>培训细目</th><th>学习单元</th><th>学习内容</th><th>培训方法</th><th>培训学时</th><th>教程字数(万字)</th></tr>
<tr><td>计算知识</td><td>4. 水电材料用量计算知识</td><td>1）水电材料工程量计算基本知识
2）水电材料工程量计算规则
3）水电材料工程量计算实例</td><td>1. 水电材料工程量计算</td><td>1）水电材料工程量计算基本知识
2）水电材料工程量计算规则
3）水电材料工程量计算算例演示（高级工）</td><td>讲授法、演示法</td><td>1</td><td>0.6</td></tr>
<tr><td rowspan="3">测量知识</td><td>1. 钢尺、铅垂仪、水准仪、经纬仪使用、保养相关知识</td><td>1）工程测量的概念
2）测量仪器的使用与保养</td><td>1. 工程测量与测量仪器</td><td>1）工程测量的概念与任务
2）测量工作的流程
3）常用测量仪器使用介绍
4）常用测量仪器保养介绍</td><td>讲授法</td><td>2</td><td>1.2</td></tr>
<tr><td>2. 水准测量方法相关知识</td><td>1）水准测量的原理
2）水准测量实施方法和成果整理
3）水准仪的检验与校正
4）水准测量的误差</td><td>1. 水准测量方法</td><td>1）水准测量的原理
2）水准测量的仪器和工具
3）水准仪的使用方法
4）水准测量的实施及成果整理（高级工）
5）水准仪的检验与校正（高级工）
6）水准测量误差及注意事项（高级工）</td><td>讲授法</td><td>1</td><td>0.6</td></tr>
<tr><td>3. 角度测量方法相关知识</td><td>1）角度测量的原理
2）角度测量的方法
3）经纬仪的检验与校正
4）水平角观测的误差分析</td><td>1. 角度测量方法</td><td>1）角度测量的原理
2）光学经纬仪的度盘读数
3）水平角观测
4）垂直角观测
5）经纬仪的检验与校正（高级工）
6）水平角观测的误差分析（高级工）</td><td>讲授法</td><td>1</td><td>0.6</td></tr>
<tr><td rowspan="2">工程材料知识</td><td rowspan="2">1. 钢筋、混凝土、砂浆、水泥、砂子、石子、块材等规格型号知识</td><td rowspan="2">1）常用建筑钢材规格及性能
2）混凝土材料规格及性能
3）砂浆材料规格及性能
4）水泥材料规格及性能
5）建筑用砂、石的规格
6）建筑用砌体块材的规格及要求</td><td>1. 常用建筑钢材</td><td>1）常用建筑钢材及钢筋的规格
2）钢材的力学性能</td><td rowspan="2">讲授法、讨论法</td><td rowspan="2">1</td><td rowspan="2">0.6</td></tr>
<tr><td>2. 混凝土材料</td><td>1）混凝土材料的组成
2）混凝土强度等级
3）混凝土材料的外加剂和掺合料
4）混凝土材料的技术性能</td></tr>
</table>

续表

<table>
<tr><th colspan="3">基础知识培训要求</th><th colspan="5">基础知识培训课程规范</th></tr>
<tr><th>基础知识模块</th><th>培训课程</th><th>培训细目</th><th>学习单元</th><th>学习内容</th><th>培训方法</th><th>培训学时</th><th>教程字数(万字)</th></tr>
<tr><td rowspan="10">工程材料知识</td><td rowspan="4">1. 钢筋、混凝土、砂浆、水泥、砂子、石子、块材等规格型号知识</td><td rowspan="4">1）常用建筑钢材规格及性能
2）混凝土材料规格及性能
3）砂浆材料规格及性能
4）水泥材料规格及性能
5）建筑用砂、石的规格
6）建筑用砌体块材的规格及要求</td><td>3. 砂浆</td><td>1）建筑砂浆的类型
2）砂浆强度等级
3）砂浆的外加剂及对砂浆性能的影响
4）砂浆的技术性能</td><td rowspan="4">讲授法、讨论法</td><td rowspan="4">1</td><td rowspan="4">0.6</td></tr>
<tr><td>4. 水泥</td><td>1）常用水泥的分类
2）常用水泥的技术要求
3）常用水泥的特性及应用</td></tr>
<tr><td>5. 砂、石规格</td><td>1）砂、石的分类和规格
2）砂、石的含泥量和有害杂质
3）颗粒级配的概念
4）砂、石的物理性能指标</td></tr>
<tr><td>6. 建筑用块材</td><td>1）常用建筑块材的分类
2）常用建筑块材的规格
3）常用建筑块材的物理性能</td></tr>
<tr><td rowspan="6">2. 水管、线管、电线、电缆、桥架、配电箱等规格型号知识</td><td rowspan="6">1）建筑用水管材料规格型号
2）建筑用线管材料规格型号
3）建筑用电线、电缆规格型号
4）建筑用桥架类型
5）建筑用配电箱规格</td><td>1. 给水管</td><td>1）水管的分类
2）给水管及其配件
3）如何选择给水管材</td><td rowspan="6">讲授法、实物示教法</td><td rowspan="6">2</td><td rowspan="6">1.3</td></tr>
<tr><td>2. 排水管</td><td>1）排水管及其配件
2）如何选择排水管材</td></tr>
<tr><td>3. 线管</td><td>1）线管的分类及特点
2）线管的选择</td></tr>
<tr><td>4. 电线、电缆</td><td>1）电线、电缆的分类与规格
2）电线与电缆的区别
3）常用电线规格、型号及用途
4）常用电缆的规格、型号
5）选择电线的标准
6）选择电缆的标准</td></tr>
<tr><td>5. 桥架</td><td>1）桥架的作用
2）桥架的分类、规格及用途特点</td></tr>
<tr><td>6. 配电箱</td><td>1）配电箱的用途及类别
2）农村住宅配电箱的选择</td></tr>
</table>

续表

基础知识培训要求			基础知识培训课程规范				
基础知识模块	培训课程	培训细目	学习单元	学习内容	培训方法	培训学时	教程字数(万字)
工程材料知识	3. 模板、钢管脚手架、竹木脚手架、门式脚手架等规格型号知识	1）模板工程用材料规格 2）建筑钢管脚手架基本知识 3）竹木脚手架基本知识 4）门式脚手架基本知识	1. 建筑模板	1）模板的作用及要求 2）模板系统的组成 3）木模板的组成、特点及构造 4）钢模板的组成、特点及构造	讲授法、讨论法	2	1.3
			2. 建筑钢管脚手架	1）钢管脚手架的构造要求 2）钢管脚手架各构件的作用与要求			
			3. 竹木脚手架	1）竹木脚手架的构造要求 2）竹木脚手架各构件的作用与要求			
			4. 门式脚手架	1）门式脚手架的基本结构 2）门式脚手架各构件的作用与要求			
劳动保护、安全知识	1. 职业健康、劳动保护、安全生产相关基本知识	1）职业健康相关基本知识 2）劳动保护相关基本知识 3）安全生产相关基本知识	1. 职业健康	1）职业健康的定义与标准 2）建筑工地常见职业病 3）职业病预防措施	讲授法	1	0.6
			2. 劳动保护	1）劳动保护政策与法规 2）建筑工地劳动保护用品 3）劳动保护培训与教育			
			3. 安全生产	1）安全生产理念、方针和机制 2）施工现场安全环境 3）安全生产的原则 4）安全事故的分类及原因 5）发生安全事故的应急处理方法			
	2. 消防、现场救护相关基本知识	1）消防相关基本知识 2）现场救护相关基本知识	1. 消防保护	1）建筑工地消防安全概述 2）施工现场易发生火灾的场所 3）火灾的分类与特性 4）建筑工地火灾的起因与预防措施 5）建筑工地消防安全设施及使用方法 6）建筑工地火灾的应急处理及逃生方法 7）建筑工地消防安全的宣传教育与培训	讲授法、演示法	1	0.6

续表

基础知识培训要求			基础知识培训课程规范				
基础知识模块	培训课程	培训细目	学习单元	学习内容	培训方法	培训学时	教程字数(万字)
劳动保护、安全知识	2. 消防、现场救护相关基本知识	1）消防相关基本知识 2）现场救护相关基本知识	2. 现场救护	1）现场急救的概念和急救步骤 2）施工现场的应急处理设备和设施 3）施工现场应急处理方法（火灾急救、严重创伤出血伤员的救治、外伤急救四项基本技术、急性中毒的现场处理、触电事故的应急处理）	讲授法、演示法	1	0.6
环境保护、文明施工知识	1. 施工现场环境保护相关知识	1）施工现场环境保护原则和要求 2）施工现场环境保护的措施 3）施工现场环境污染及处理方法	1. 施工现场环境保护	1）施工现场环境保护的原则和要求 2）常见的施工环境污染 3）施工现场环境保护的措施 4）施工现场环境污染的处理方法（大气污染的处理、水污染的处理、噪声污染的处理、固体废物污染的处理以及光污染的处理）	讲授法、观摩法	1	0.6
	2. 成品、半成品保护相关知识	1）成品保护的概念 2）成品、半成品保护措施及制度 3）成品、半成品保护资料记录 4）成品、半成品保护方案编制	1. 成品、半成品保护	1）成品保护的概念 2）成品、半成品保护措施 3）成品、半成品保护制度 4）成品、半成品保护资料记录 5）成品、半成品保护方案编制	讲授法、演示法	1	0.6
	3. 文明施工相关知识	1）文明施工的内容 2）文明施工的要求	1. 文明施工	1）文明施工的要求和目标 2）文明施工的主要内容	讲授法、讨论法	1	0.6
相关法律、法规知识	1.《中华人民共和国土地管理法》相关知识	1）土地的分类和权属 2）耕地与宅基地制度	1. 乡村建设土地管理法、城乡规划法、建筑法	1）土地的分类 2）土地的权属 3）耕地制度 4）宅基地制度	讲授法	1	1
	2.《中华人民共和国城乡规划法》相关知识	1）城乡规划法五项原则 2）城乡规划法五项制度		1）城乡规划法五项原则（城乡统筹原则、合理布局原则、节约土地原则、集约发展原则、先规划后建设原则） 2）城乡规划法五项制度（规划编制和审批制度、建设项目规划管理制度、规划修改制度、规划监督检查制度、违反规划法律责任追究制度）			

续表

基础知识培训要求			基础知识培训课程规范				
基础知识模块	培训课程	培训细目	学习单元	学习内容	培训方法	培训学时	教程字数(万字)
相关法律、法规知识	3.《中华人民共和国建筑法》相关知识	1）宅基地的申请和使用 2）宅基地的标准和限制 3）农村建房施工资质的相关规定	1. 乡村建设土地管理法、城乡规划法、建筑法	1）农村宅基地上建房有“六不准” 2）宅基地的申请和使用 3）宅基地的标准和限制 4）农村建房施工资质的相关规定	讲授法	1	1
	4.《中华人民共和国劳动合同法》相关知识	1）《中华人民共和国劳动合同法》基本知识	2. 劳动合同法、安全生产法和产品质量法基本知识	1）劳动合同无效或者部分无效 2）竞业限制 3）劳动合同的履行和变更 4）劳动合同的解除和终止			
	5.《中华人民共和国安全生产法》相关知识	1）安全生产方针 2）安全生产法律法规与法律制度 3）特种作业人员安全生产职业规范和岗位职责		1）安全生产方针 2）安全生产法律法规与法律制度 3）特种作业人员安全生产职业规范和岗位职责			
	6.《中华人民共和国产品质量法》相关知识	1）了解产品质量法 2）了解产品质量法的监督管理 3）学习生产者、经营者在产品质量方面的义务和责任 4）了解违反产品质量法的法律责任		1）产品质量法概述 2）产品质量法的监督管理 3）生产者、经营者在产品质量方面的义务和责任 4）违反产品质量法的法律责任			
	7.《中华人民共和国劳动法》相关知识	1）了解劳动法的主要内容 2）了解工作时间、休息休假和工资 3）了解职业培训、社会保险和劳动争议	3. 劳动法、环境保护法和消防法基本知识	1）劳动法概述 2）劳动法的主要内容 3）工作时间和休息休假、工资 4）职业培训 5）社会保险和福利 6）劳动争议			
	8.《中华人民共和国环境保护法》相关知识	1）了解环境保护法 2）了解环境保护法总则 3）关注建筑工程中的环境保护与法律责任		1）环境保护法的内涵 2）保护和改善环境 3）防止污染和其他公害 4）在建筑工程中怎样保护环境 5）法律责任			
	9.《中华人民共和国消防法》相关知识	1）了解消防法 2）了解火灾预防与法律责任		1）制定消防法的原因 2）火灾预防 3）法律责任			

续表

基础知识培训要求			基础知识培训课程规范				
基础知识模块	培训课程	培训细目	学习单元	学习内容	培训方法	培训学时	教程字数(万字)
相关法律、法规知识	10.《建设工程质量管理条例》相关知识	1）了解《建设工程质量管理条例》总则 2）了解建筑工程单位的责任和义务 3）了解建设工程质量保修和监督检查	4. 建设工程质量管理条例和特种设备安全监督检查办法基本知识	1）《建设工程质量管理条例》总则 2）建设单位的质量责任和义务 3）勘察、设计单位的质量责任和义务 4）施工单位的质量责任和义务 5）工程监理单位的质量责任和义务 6）建设工程质量保修和监督检查 7)特种设备安全监察的定义、含义和特点 8）特种设备安全监察适用范围和管理特点 9）接受特种设备安全监察的机构和重点监察对象	讲授法	1	1
	11.《特种设备安全监督检查办法》相关知识	1）了解特种设备安全监察 2）特种设备安全监察适用范围和管理特点 3）接受特种设备安全监察的机构和重点监察对象					
						24	15

注：学习内容后面标注高级工等级的为高级工应掌握的学习内容，未标注的为所有等级都应掌握的学习内容。

七、职业技能等级教材内容大纲

表 2　五级 / 初级工职业技能教材内容结构表

乡村建设工匠泥瓦工初级培训要求				乡村建设工匠泥瓦工初级课程规范				
职业功能模块	工作内容	技能要求	培训细目	学习单元	学习内容	培训方法	培训学时	教程字数(万字)
1 施工准备	1.1 作业条件准备	1.1.1 能穿戴安全帽、绝缘鞋、防护手套等防护装备	1）安全帽穿戴方法及要求 2）绝缘鞋穿戴方法及要求 3）防护手套等防护装备的穿戴方法及要求 4）安全绳和安全带的佩戴 5）护听器的佩戴	（1）防护装备穿戴方法及要求	1）安全帽的穿戴方法及要求 2）绝缘鞋穿戴方法及要求 3）防护手套等防护装备的穿戴方法及要求 4）安全绳和安全带的佩戴方法及要求 5）护听器的佩戴方法及要求	讲授法、实物演示法	1	0.3

续表

乡村建设工匠泥瓦工初级培训要求				乡村建设工匠泥瓦工初级课程规范				
职业功能模块	工作内容	技能要求	培训细目	学习单元	学习内容	培训方法	培训学时	教程字数(万字)
1 施工准备	1.1 作业条件准备	1.1.2 能检查手持电钻及更换电池	1）手持电钻检查方法 2）更换电池的方法	（1）手持电钻的使用	1）手持电钻检查方法 2）更换电池的方法	讲授法、实物演示法	1	0.3
		1.1.3 能检查无齿锯及更换刀片	1）无齿锯检查方法 2）更换刀片的方法	（1）无齿锯的使用	1）无齿锯检查方法 2）更换刀片的方法			0.3
		1.1.4 能使用手持灭火器	1）手持灭火器的使用方法和要求	（1）手持灭火器的使用	1）手持灭火器的使用方法 2）手持灭火器的注意事项			0.3
	1.2 材料准备	1.2.1 能区分现场钢筋型号	1）钢筋的型号 2）钢筋型号的识别	（1）钢筋的型号	1）钢筋型号的表示方法 2）钢筋型号的现场识别	讲授法、演示法	2	0.5
		1.2.2 能区分木方、模板、脚手架等辅助材料型号	1）木方的型号 2）模板的分类 3）脚手架的分类	（1）木方、模板、脚手架	1）木方的型号 2）模板的分类 3）脚手架的分类			
		1.2.3 能分类码放不同型号、规格的材料	1）钢筋的码放要求与标识 2）水泥、砌筑材料、木方、模板、脚手架等的码放要求与标识 3）木方、模板、脚手架等辅助材料的成品保护	（1）材料的码放与标识 （2）材料的现场保护	1）钢筋的码放要求与标识 2）水泥、砌筑材料的码放要求与标识 3）木方、模板、脚手架等的码放要求与标识 4）木方、模板、脚手架等辅助材料的成品保护	讲授法	2	0.5
	1.3 施工机具准备	1.3.1 能识别现场机具开关箱位置	1）现场机具开关箱位置识别 2）现场常用机具及配电	（1）开关箱位置识别及机具配电	1）现场机具开关箱位置识别 2）现场常用机具及配电	讲授法、实物演示法	2	0.5
		1.3.2 能使用开关箱进行设备通、断电	1）设备通、断电的步骤及要求	（1）设备通、断电的步骤及要求	1）设备通、断电准备工作 2）设备通、断电步骤 3）设备通、断电检查工作			

续表

<table>
<tr><th colspan="4">乡村建设工匠泥瓦工初级培训要求</th><th colspan="5">乡村建设工匠泥瓦工初级课程规范</th></tr>
<tr><th>职业功能模块</th><th>工作内容</th><th>技能要求</th><th>培训细目</th><th>学习单元</th><th>学习内容</th><th>培训方法</th><th>培训学时</th><th>教程字数(万字)</th></tr>
<tr><td rowspan="4">2 测量放线</td><td rowspan="2">2.1 测量</td><td>2.1.1 能区分不同长度单位、角度单位、重量单位</td><td>1）长度、角度和质量的度量单位区分</td><td rowspan="2">（1）建筑的单位和换算</td><td>1）长度单位的区分
2）角度单位的区分
3）质量单位的区分</td><td rowspan="2">讲授法</td><td rowspan="2">5</td><td rowspan="2">1.3</td></tr>
<tr><td>2.1.2 能换算不同长度单位、角度单位、重量单位</td><td>1）长度、角度和质量的度量单位换算</td><td>1）长度单位的换算
2）角度单位的换算
3）质量单位的换算</td></tr>
<tr><td rowspan="2">2.2 放线</td><td>2.2.1 能区分各种放线工具的使用方法</td><td>1）各种放线工具及使用方法</td><td rowspan="2">（1）建筑的测量与放线</td><td>1）认识放线工具
2）学习放线工具的使用方法</td><td rowspan="2">讲授法</td><td rowspan="2">6</td><td rowspan="2">1.6</td></tr>
<tr><td>2.2.2 能将现场放线位置与图纸位置相对应</td><td>1）放线位置与图纸位置对应的方法</td><td>1）测量放线的基本知识（控制点、放线、沉降观察、仪器工具）
2）详解房屋的测量放线</td></tr>
<tr><td rowspan="3">3 工程施工</td><td rowspan="3">3.1 加工制作</td><td>3.1.1 能制作及养护砂浆、混凝土试块（A）</td><td>1）砂浆试块的制作与养护
2）混凝土试块的制作与养护</td><td>（1）试块的制作与养护</td><td>1）砂浆试块的制作与养护
2）混凝土试块的制作与养护</td><td>讲授法、实物演示法</td><td>2</td><td>0.5</td></tr>
<tr><td>3.1.2 能加工防水附加层材料（A）</td><td>1）防水材料的分类
2）各类防水材料的性能与施工方法</td><td>（1）防水附加层的制作</td><td>1）防水材料的分类
2）防水卷材
3）防水涂料
4）防水混凝土
5）防水砂浆
6）密封材料与止水材料</td><td>讲授法</td><td>2</td><td>0.5</td></tr>
<tr><td>3.1.3 能加工保温材料（A）</td><td>1）保温材料的分类
2）各类保温材料的性能与施工方法</td><td>（1）保温材料的加工</td><td>1）保温材料的分类
2）保温材料施工前准备
3）保温材料安装及接头处理
4）质量检查与施工记录</td><td>讲授法、实物演示法</td><td>2</td><td>0.5</td></tr>
</table>

续表

<table>
<tr><th colspan="4">乡村建设工匠泥瓦工初级培训要求</th><th colspan="5">乡村建设工匠泥瓦工初级课程规范</th></tr>
<tr><th>职业功能模块</th><th>工作内容</th><th>技能要求</th><th>培训细目</th><th>学习单元</th><th>学习内容</th><th>培训方法</th><th>培训学时</th><th>教程字数(万字)</th></tr>
<tr><td rowspan="8">3 工程施工</td><td>3.1 加工制作</td><td>3.1.4 能打磨处理涂料基层（A）</td><td>1）基层检查与处理内容
2）基层处理后的验收</td><td>（1）打磨处理涂料基层</td><td>1）基层检查
2）基层处理
3）基层处理后的验收</td><td>讲授法、实物演示法</td><td>2</td><td>0.5</td></tr>
<tr><td rowspan="7">3.2 现场施工</td><td>3.2.1 能开挖及回填基坑土方（A）</td><td>1）基坑土方开挖及回填的方法和原则
2）各类开挖方式</td><td>（1）基坑土方开挖及回填的基本知识</td><td>1）基坑土方开挖及回填的方法分类和开挖原则
2）直接分层开挖
3）有内支撑支护的基坑开挖
4）盆式开挖
5）中心岛式开挖</td><td>讲授法</td><td>4</td><td>1</td></tr>
<tr><td>3.2.2 能浇筑梁、板、柱混凝土（A）</td><td>1）混凝土浇筑的一般规定和方法</td><td rowspan="2">(1)梁、板、柱混凝土浇筑施工及表面抹面压光</td><td rowspan="2">1）混凝土浇筑的规定
2）混凝土浇筑的方法
3）混凝土表面抹面压光的方法</td><td rowspan="2">讲授法、实物演示法</td><td rowspan="2">4</td><td rowspan="2">1</td></tr>
<tr><td>3.2.3 能进行混凝土表面抹面压光（A）</td><td>2）混凝土表面抹面压光的方法</td></tr>
<tr><td>3.2.4 能进行防水基层施工（A）</td><td>1）一般防水卷材的基层要求
2）一般防水基层的处理方法
3）基层处理剂的施工要点</td><td>（1）防水基层的施工</td><td>1）一般防水卷材的基层要求
2）一般防水基层的处理方法
3）基层处理剂的施工要点</td><td>讲授法</td><td>3</td><td>0.8</td></tr>
<tr><td>3.2.5 能进行内外墙抹灰施工（A）</td><td>1）一般抹灰构造
2）一般抹灰的施工工具
3）一般抹灰施工工艺</td><td>（1）内外墙抹灰施工</td><td>1）一般抹灰构造
2）一般抹灰的施工工具
3）一般抹灰施工工艺</td><td>讲授法</td><td>3</td><td>0.8</td></tr>
<tr><td>3.2.6 能养护普通混凝土（A）</td><td rowspan="2">1）砂浆的养护方法
2）混凝土的养护方法
3）混凝土养护记录填写实例讲解</td><td rowspan="2">（1）砂浆、混凝土的养护及记录</td><td rowspan="2">1）砂浆的养护
2）混凝土的养护
3）混凝土养护记录填写实例讲解</td><td rowspan="2">讲授法、实物演示法</td><td rowspan="2">3</td><td rowspan="2">0.8</td></tr>
<tr><td>3.2.7 能填写混凝土养护记录（A）</td></tr>
</table>

续表

乡村建设工匠泥瓦工初级培训要求				乡村建设工匠泥瓦工初级课程规范				
职业功能模块	工作内容	技能要求	培训细目	学习单元	学习内容	培训方法	培训学时	教程字数(万字)
3 工程施工	3.2 现场施工	3.2.8 能进行油漆、腻子、乳胶漆等刮涂（A）	1）油漆施工的基本工艺 2）腻子施工的基本工艺 3）乳胶漆施工的基本工艺	（1）装饰抹灰施工	1）油漆施工的工艺流程 2）油漆施工要点 3）油漆施工注意事项和检验标准 4）腻子施工的工艺流程 5）腻子施工要点 6）腻子施工注意事项和检验标准 7）乳胶漆施工的工艺流程 8）乳胶漆施工要点 9）乳胶漆施工注意事项和检验标准	讲授法、实物演示法	3	0.8
4 质量验收	4.1 质量检查	4.1.1 能检查基坑尺寸、深度、放坡坡度等（A）	1）基坑尺寸、深度、放坡坡度等检查的方法 2）坍落度的概念及其检查方法 3）坍落度检查的注意事项	（1）基坑工程质量检查 （2）混凝土的坍落度 （3）混凝土、抹灰平整度 （4）检查混凝土养护 （5）油漆、腻子和乳胶漆工程检查	1）基坑的尺寸检查 2）基坑的深度、放坡坡度检查 3）混凝土坍落度的概念 4）坍落度的检查方法 5）坍落度检查使用范围及注意事项	讲授法、实物演示法	1	0.4
		4.1.2 能检查混凝土坍落度（A）						
		4.1.3 能检查混凝土浇筑后表面平整度（A）	1）混凝土表面平整度的概念及检测方法标准 2）抹灰的检查内容及要求规定 3）混凝土养护的方法及规定 4）油漆、腻子和乳胶漆工程检查内容及要点		1）混凝土表面平整度的概念 2）混凝土表面平整度检测方法和标准 3）普通抹灰的检查内容及要求规定 4）混凝土的养护方法 5）混凝土养护检查内容及要点 6）油漆工程检查内容及要点 7）腻子工程检查内容及要点 8）乳胶漆工程检查内容及要点			
		4.1.4 能检查抹灰平整度（A）						
		4.1.5 能检查混凝土养护情况（A）						
		4.1.6 能检查油漆、腻子、乳胶漆色差、透底等质量问题（A）						

续表

乡村建设工匠泥瓦工初级培训要求				乡村建设工匠泥瓦工初级课程规范				
职业功能模块	工作内容	技能要求	培训细目	学习单元	学习内容	培训方法	培训学时	教程字数(万字)
4 质量验收	4.2 质量问题处理	4.2.1 能处理基坑尺寸、深度、放坡坡度等不合格问题（A）	1）基坑尺寸、深度和坡度存在的不合格问题 2）基坑问题处理方法	（1）基坑工程一般问题的处理方法	1）基坑工程问题概述 2）基坑问题的处理方案（坑底出现流砂、基坑内纵向边坡失稳滑坡、坑底隆起、基坑围护结构位移过大、涌土、喷砂、不均匀沉降和危险变形）	讲授法、实物演示法	1	0.4
		4.2.2 能处理混凝土表面不平整问题(A）	1）混凝土表面和抹面存在的不合格问题 2）混凝土表面和抹面问题的处理方法	（1）混凝土表面质量问题的处理、抹灰表面质量问题的处理 （2）混凝土养护不足问题的处理 （3）油漆、腻子和乳胶漆工程问题的处理	1）混凝土工程表面不平整问题概述 2）混凝土工程表面不平整问题处理方案（表面气泡、麻面、蜂窝、混凝土裂缝）			
		4.2.3 能处理抹灰不平整问题（A）			1）抹灰工程表面不平整问题概述 2）抹灰工程表面不平整问题处理方案（空鼓、裂缝、起皮、表面不平整、麻面）			
		4.2.4 能处理混凝土养护不足问题（A）	1）混凝土工程养护不足的问题 2）混凝土工程养护不足问题的处理方案 3）油漆、腻子、乳胶漆工程问题 4）油漆、腻子、乳胶漆工程问题处理方法		1）混凝土工程养护不足问题概述 2）混凝土工程养护不足问题处理方案（强度不足、干缩裂缝、混凝土内部组织疏松、抗渗性差）			
		4.2.5 能处理油漆、腻子、乳胶漆色差、透底等问题（A）			1）油漆、腻子、乳胶漆问题概述 2）油漆、腻子、乳胶漆问题处理方案（墙面掉粉、不平整、墙面开裂、收口粗糙、阴阳角不顺直）			
							56	15

表 3　四级 / 中级工职业技能教材内容结构表

乡村建设工匠泥瓦工中级培训要求				乡村建设工匠泥瓦工中级课程规范				
职业功能模块	培训课程	技能要求	培训细目	学习单元	学习内容	培训方法	培训学时	教程字数(万字)
1 施工准备	1.1 作业条件准备	1.1.1 能搭设安全防护棚	1）安全防护棚搭设技术要点和施工要求 2）编写安全防护棚搭设方案	（1）安全防护棚的搭设	1）安全防护棚搭设要求与规范 2）安全防护棚施工要点 3）编写安全防护棚搭设方案	讲授法、实物演示法	2	0.5
		1.1.2 能搭设钢管扣件或竹木外脚手架	1）钢管扣件脚手架搭设的方法 2）竹木外脚手架搭设的方法	（1）钢管扣件或竹木外脚手架的搭设	1）脚手架基础构架认识 2）竹木外脚手架的搭设技术要求 3）钢管扣件脚手架搭设技术要求			
		1.1.3 能进行基础、主体、装修等不同阶段施工现场作业条件清理准备	1）基础、主体、装修等不同阶段施工现场作业条件的清理准备	（1）施工现场作业条件的清理准备	1）基础阶段作业条件清理准备的要求 2）主体阶段作业条件清理准备的要求 3）装修阶段作业条件清理准备的要求			
		1.1.4 能使用消火栓、消防水带	1）消火栓、消防水带 2）消火栓和消防水带的使用方法	（1）消防准备	1）消火栓和消防水带 2）消火栓的使用方法 3）消防水带的使用方法			
	1.2 材料准备	1.2.1 能设置建筑材料在施工现场的不同位置	1）建筑材料在施工现场位置设置的方法 2）建筑材料在施工现场不同位置放置数量的要求	（1）建筑材料施工准备	1）材料堆放的基本要求 2）建筑材料放置的要求（砖、木材、模板和钢材等） 3）建筑材料放置数量的技术要求	讲授法、实物演示法	3	0.8
		1.2.2 能计算建筑材料在施工现场不同位置的放置数量						
	1.3 施工机具准备	1.3.1 能检查电动工具与开关箱连接情况并上报	1）电动工具与开关箱连接情况检查及上报的要求 2）手持电钻、无齿锯、钢筋调直机、钢筋弯曲机等施工工具、器具、机具的保管要求	（1）施工常用机具准备	1）常用电动工具施工前检查 2）常用电动工具的操作方法 3）常用电动工具的保养 4）常用电动工具的保管场所和人员安排 5）常用电动工具的保管方式和巡查	讲授法、实物演示法	3	0.8
		1.3.2 能保管手持电钻、无齿锯、钢筋调直机、钢筋弯曲机等施工工具、器具、机具						

续表

乡村建设工匠泥瓦工中级培训要求				乡村建设工匠泥瓦工中级课程规范				
职业功能模块	培训课程	技能要求	培训细目	学习单元	学习内容	培训方法	培训学时	教程字数(万字)
2 测量放线	2.1 测量	2.1.1 能测量构部件的长度、宽度、厚度 2.1.2 能依据控制线测量定位构部件现场位置	1）构部件长度、宽度、厚度测量的相关知识 2）构部件现场位置测量定位的方法	（1）测量	1）房屋构部件的测量基本知识 2）房屋构部件现场测量方法	讲授法、实物演示法	5	1.5
	2.2 放线	2.2.1 能引测结构施工控制线	1）结构施工控制线引测的方法 2）装饰施工控制线引测的方法 3）建筑物各层轴线、控制线引测的方法	（1）放线	1）放线的基本知识 2）水平控制线的引测方法 3）建筑物各层标高的引测方法 4）建筑物各层轴线、控制线的引测方法	讲授法、实物演示法	6	1.6
		2.2.2 能引测装饰施工控制线						
		2.2.3 能引测建筑物各层轴线、控制线						
3 工程施工	3.1 加工制作	3.1.1 能在施工前对块材、饰面砖等进行浇水浸润（A）	1）块材、饰面砖等浇水浸润的方法 2）皮数杆定位排砖的方法	（1）砌体材料、瓷砖施工前的处理	1）砖、砌块和瓷砖等浇水湿润基本要求 2）砖、砌块和瓷砖加工处理方法	讲授法、实物演示法	2	0.5
		3.1.2 能使用皮数杆定位排砖（A）		（1）施工工具的制作与使用	1）认识皮数杆 2）皮数杆的制作与使用			
		3.1.3 能依据营造做法要求准备不同规格防水材料（A）	1）依据营造做法要求准备不同规格防水材料的方法 2）油漆、腻子、涂料等现场调配的方法	（1）防水材料的选择与加工	1）防水卷材的选用 2）防水卷材的加工			
		3.1.4 能现场调配油漆、腻子、涂料等（A）		（1）油漆涂料的选择和调配	1）油漆涂料的选用 2）油漆涂料的调配方法			
	3.2 现场施工	3.2.1 能判断混凝土初凝及终凝状态（A）	1）混凝土初凝及终凝状态判断的方法	（1）混凝土性能检测	1）判断混凝土工作性能的方法 2）判断混凝土初凝和终凝的方法	讲授法、实物演示法	4	1

续表

乡村建设工匠泥瓦工中级培训要求				乡村建设工匠泥瓦工中级课程规范				
职业功能模块	培训课程	技能要求	培训细目	学习单元	学习内容	培训方法	培训学时	教程字数(万字)
3 工程施工	3.2 现场施工	3.2.2 能组砌实心墙体（A）	1）实心墙体组砌的方法 2）空斗墙、空心砖墙组砌的方法	（1）砌体墙体砌筑方式和特点	1）建筑墙体常用的组砌方式 2）各种组砌方式的特点	讲授法、实物演示法	8	2
		3.2.3 能组砌空斗墙、空心砖墙（A）			1）认识空斗墙 2）空斗墙的砌筑技术要求 3）空斗墙砌筑应注意的问题			
		3.2.4 能涂刷防水涂料（A）	1）防水涂料涂刷的方法 2）防水构造做法	（1）防水涂料的涂刷	1）涂膜防水屋面的构造及施工技术要求 2）聚氨酯涂膜防水层构造及施工技术要求	讲授法、实物演示法	4	1
		3.2.5 能进行弹涂、喷涂、墙面滚花等施工（A）	1）抹灰施工的方法和技术要求	（1）装饰抹灰施工	1）抹灰工程的分类 2）一般抹灰施工的技术要求（内墙抹灰、外墙抹灰和装饰抹灰施工）	讲授法	4	1
4 质量验收	4.1 质量检查	4.1.1 能检查混凝土工作性能（A）	1）混凝土工作性能检查的方法和要求	（1）混凝土工作性能检查 （2）实心墙、空斗墙和空心砖墙垂直度、平整度、组砌形式 （3）防水涂料的检查 （4）弹涂、喷涂、墙面滚花色差、不匀、透底等问题的检查	1）混凝土工作性能检查的要求 2）混凝土工作性能检查的方法	讲授法、实物演示法	1	0.4
		4.1.2 能检查实心墙体垂直度、平整度、组砌形式（A）	1）实心墙体垂直度、平整度检查要求 2）实心墙组砌形式检查技术要求		1）实心墙垂直度、平整度检查的一般规定 2）实心墙组砌形式检查规定			
		4.1.3 能检查空斗墙、空心砖墙垂直度、平整度、组砌形式（A）	1）空斗墙、空心砖墙垂直度、平整度的检查要求 2）空斗墙、空心砖墙组砌形式的检查方法		1）空斗墙垂直度、平整度检查的一般规定 2）空心砖墙垂直度、平整度检查的一般规定 3）空斗墙和空心砖墙组砌形式检查规定			
		4.1.4 能检测防水涂料厚度（A）	1）防水涂料厚度的检查方法 2）闭水试验检查技术要求		1）防水涂料厚度的检查方法 2）闭水试验检查技术要求			

续表

乡村建设工匠泥瓦工中级培训要求				乡村建设工匠泥瓦工中级课程规范				
职业功能模块	培训课程	技能要求	培训细目	学习单元	学习内容	培训方法	培训学时	教程字数(万字)
4 质量验收	4.1 质量检查	4.1.5 能检查弹涂、喷涂、墙面滚花色差、不匀、透底等问题（A）	1）弹涂、喷涂、墙面滚花色差、不匀、透底等问题及检查标准	（1）混凝土工作性能检查 （2）实心墙、空斗墙和空心砖墙垂直度、平整度、组砌形式 （3）防水涂料的检查 （4）弹涂、喷涂、墙面滚花色差、不匀、透底等问题的检查	1）装饰抹灰工程表面质量应符合的标准要求 2）弹涂、喷涂、墙面滚花色差、不匀、透底等问题检查标准	讲授法、实物演示法	1	0.4
	4.2 质量问题处理	4.2.1 能处理实心墙体垂直度、平整度、组砌形式不合格问题（A）	1）实心墙体垂直度、平整度不合格问题及处理方法 2）实心墙体组砌形式不合格问题及处理方法	（1）墙体垂直度、平整度、组砌形式不合格问题	1）实心墙体垂直度、平整度不合格问题及处理方法 2）实心墙体组砌形式不合格问题及处理方法	讲授法、实物演示法	1	0.4
		4.2.2 能处理空斗墙、空心砖墙和块墙垂直度、平整度组砌形式不合格问题（A）	1）空斗墙、空心砖墙垂直度、平整度不合格问题及处理方法 2）空斗墙、空心砖墙组砌形式不合格问题及处理方法		1）空斗墙、空心砖墙垂直度、平整度不合格问题及处理方法 2）空斗墙、空心砖墙组砌形式不合格问题及处理方法			

续表

乡村建设工匠泥瓦工中级培训要求				乡村建设工匠泥瓦工中级课程规范				
职业功能模块	培训课程	技能要求	培训细目	学习单元	学习内容	培训方法	培训学时	教程字数(万字)
4 质量验收	4.2 质量问题处理	4.2.3 能处理防水涂料厚度不足问题（A）	1）防水涂料厚度不足问题的隐患与处理方法	（1）防水涂料厚度不足问题	1）防水涂料厚度不足问题存在哪些隐患 2）防水涂料厚度不足问题处理方法	讲授法、实物演示法	1	0.5
		4.2.4 能处理弹涂、喷涂、墙面滚花色差、不匀、透底等问题（A）	（1）弹涂、喷涂、墙面滚花问题分析及处理方法	（2）弹涂、喷涂、墙面滚花质量问题	1）弹涂、喷涂、墙面滚花质量问题分析 2）弹涂、喷涂、墙面滚花质量问题处理方法			
							56	15

表 4　三级／高级工职业技能教材内容结构表

乡村建设工匠泥瓦工高级培训要求				乡村建设工匠泥瓦工高级课程规范				
职业功能模块	培训课程	技能要求	培训细目	学习单元	学习内容	培训方法	培训学时	教程字数(万字)
1 施工准备	1.1 作业条件准备	1.1.1 能识别施工现场安全隐患	1）劳动防护用品佩戴安全隐患识别 2）高处作业和用电安全隐患识别 3）施工现场消防安全隐患识别	（1）施工现场安全隐患的识别	1）劳动防护用品佩戴安全隐患识别 2）高处作业安全隐患识别 3）安全用电安全隐患识别 4）施工现场消防安全隐患识别	讲授法	1	0.4
		1.1.2 能使用电动助力推车运送材料	1）电动助力推车的特点 2）电动助力推车的使用方法、注意事项及维护保养	（1）电动助力推车的使用	1）电动助力推车的特点 2）电动助力推车的使用方法 3）电动助力推车的注意事项 4）电动助力推车的维护保养	讲授法、实物演示法	1	0.4
		1.1.3 能设定施工现场消防器材摆放位置	1）施工现场消防器材摆放位置设定的方法	（1）消防器材摆放位置	1）灭火器材设置点的要求 2）灭火器材的摆放要求	讲授法	1	0.4

续表

乡村建设工匠泥瓦工高级培训要求				乡村建设工匠泥瓦工高级课程规范				
职业功能模块	培训课程	技能要求	培训细目	学习单元	学习内容	培训方法	培训学时	教程字数(万字)
1 施工准备	1.1 作业条件准备	1.1.4 能对照、识别详图与平面图	1）建筑、结构平面图识图与详图索引方法 2）平面图对照详图案例解读	（1）建筑和结构平面图和详图识图	1）建筑平面图识图与详图索引方法 2）结构平面图识图与详图索引方法 3）平面图对照详图案例解读	讲授法	1	0.4
	1.2 材料准备	1.2.1 能判别进场钢筋外观质量	1）钢筋外观质量判别方法和判别要点	（1）钢筋、块材和管线外观质量判别	1）钢筋外观质量判别方法 2）钢筋外观质量判别要点	讲授法、实物演示法	3	1.5
		1.2.2 能判别进场块材外观质量	1）块材外观质量判别方法和判别要点		1）块材外观质量判别方法 2）块材外观质量判别要点			
		1.2.3 能判别进场管线外观质量	1）管线外观质量判别方法和判别要点		1）管线外观质量判别方法 2）管线外观质量判别要点			
		1.2.4 能判别进场防水材料外观质量	1）防水材料外观质量判别方法和判别要点	（1）防水材料外观质量判别;饰面砖、踢脚线、吊顶等装修材料外观质量判别	1）防水材料外观质量判别方法 2）防水材料外观质量判别要点	讲授法、实物演示法	2	1
		1.2.5 能判别进场饰面砖、踢脚线、吊顶等装修材料外观质量	1）饰面砖、踢脚线、吊顶等装修材料外观质量判别方法和判别要点		1）饰面砖、踢脚线、吊顶等装修材料外观质量判别方法 2）饰面砖、踢脚线、吊顶等装修材料外观质量判别要点			
	1.3 施工机具准备	1.3.1 能保养手持电钻、无齿锯、钢筋调直机、钢筋弯曲机等施工工具、器具、机具	1）施工电动工具、器具、机具的故障识别 2）施工电动工具、器具、机具的维修和保养	（1）电动工具的故障、维修和保养	1）电动工具的故障识别 2）电动工具的维修方法 3）电动工具的保养要求	讲授法、实物演示法	2	1

续表

乡村建设工匠泥瓦工高级培训要求				乡村建设工匠泥瓦工高级课程规范				
职业功能模块	培训课程	技能要求	培训细目	学习单元	学习内容	培训方法	培训学时	教程字数(万字)
1 施工准备	1.3 施工机具准备	1.3.2 能识别并排除手持电钻、无齿锯、钢筋调直机、钢筋弯曲机等施工工具、器具、机具的故障	1）施工电动工具、器具、机具的故障识别 2）施工电动工具、器具、机具的维修和保养	（1）电动工具的故障、维修和保养	1）电动工具的故障识别 2）电动工具的维修方法 3）电动工具的保养要求	讲授法、实物演示法	2	1
2 测量放线	2.1 测量	2.1.1 能测量建筑物垂直度	1）建筑物垂直度测量的原理及方法	（1）建筑物垂直度测量的方法，测量定位	1）测量仪器的选用 2）垂直度测量原理 3）垂直度测量方法	讲授法、实物演示法	4	1.9
		2.1.2 能测量定位室外道路、构筑物、景观	1）室外道路、构筑物、景观测量定位的方法		1）测量定位方法 2）测量数据处理 3）测量应用案例			
	2.2 放线	2.2.1 能引测水准点	1）水准点引测的方法步骤 2）编写水准点引测方案	（1）引测水准点	1）水准点引测方法概述 2）水准点引测的方法步骤 3）编写水准点引测方案	讲授法、实物演示法	4	1.9
		2.2.2 能引测建筑物基坑边线、轴网控制线	1）建筑物基坑边线、轴网控制线引测的方法		1）确定放线点位 2）控制线引测与复测 3）精确定位			
3 工程施工	3.1 加工制作	3.1.1 能按混凝土配合比要求称量水泥、砂子、石子等（A）	1）水泥、砂子、石子等称量的方法及要求	（1）材料称量	1）不同材料的称量方法 2）按混凝土配合比进行材料称量	讲授法、实物演示法	2	1
		3.1.2 能按配合比现场搅拌混凝土（A）	1）混凝土现场搅拌的方法及注意事项	（1）混凝土搅拌	1）混凝土现场搅拌方法（手工搅拌、搅拌机搅拌） 2）混凝土现场搅拌注意事项			
		3.1.3 能裁剪防水卷材（A）	1）防水卷材裁剪的方法	（1）防水卷材裁剪	1）手工切割防水卷材 2）机械切割防水卷材			

续表

乡村建设工匠泥瓦工高级培训要求				乡村建设工匠泥瓦工高级课程规范				
职业功能模块	培训课程	技能要求	培训细目	学习单元	学习内容	培训方法	培训学时	教程字数(万字)
3 工程施工	3.2 现场施工	3.2.1 能浇筑自密实混凝土（A）	1）自密实混凝土浇筑准备和机具准备 2）自密实混凝土浇筑工艺和操作要点	（1）自密实混凝土浇筑	1）自密实混凝土浇筑准备和机具准备 2）自密实混凝土浇筑工艺 3）自密实混凝土浇筑操作要点	讲授法、实物演示法	2	1
		3.2.2 能浇筑轻骨料混凝土（A）	1）轻骨料混凝土浇筑准备和机具准备 2）轻骨料混凝土浇筑工艺和操作要点	（1）轻骨料混凝土浇筑	1）轻骨料混凝土浇筑准备和机具准备 2）轻骨料混凝土浇筑工艺 3）轻骨料混凝土浇筑操作要点	讲授法、实物演示法	2	1
		3.2.3 能组砌砖混结构条形基础（A）	1）砖混结构条形基础组砌施工准备和机具准备 2）砖混结构条形基础组砌施工工艺和操作要点	（1）砖混结构条形基础组砌	1）砖混结构条形基础组砌施工准备和机具准备 2）砖混结构条形基础组砌施工工艺 3）砖混结构条形基础组砌操作要点	讲授法、实物演示法	2	1
		3.2.4 能组砌清水砖墙（A）	1）清水砖墙组砌施工准备和机具准备 2）清水砖墙组砌施工工艺和操作要点	（1）清水砖墙组砌	1）清水砖墙组砌施工准备和机具准备 2）清水砖墙组砌施工工艺 3）清水砖墙组砌操作要点	讲授法、实物演示法	2	1
		3.2.5 能组砌直槎、斜槎、马牙槎等（A）	1）直槎、斜槎、马牙槎等组砌的方法	（1）直槎、斜槎、马牙槎等组砌	1）直槎、斜槎、马牙槎等组砌施工工艺 2）直槎、斜槎、马牙槎等组砌操作要点	讲授法、实物演示法	1	0.4
		3.2.6 能挂铺筒瓦、中瓦、平瓦等屋面瓦（A）	1）筒瓦、中瓦、平瓦等屋面瓦挂铺的方法	（1）筒瓦、中瓦、平瓦等屋面瓦挂铺	1）筒瓦、中瓦、平瓦等屋面瓦挂铺施工工艺 2）筒瓦、中瓦、平瓦等屋面瓦挂铺操作要点	讲授法、实物演示法	2	1

续表

乡村建设工匠泥瓦工高级培训要求				乡村建设工匠泥瓦工高级课程规范				
职业功能模块	培训课程	技能要求	培训细目	学习单元	学习内容	培训方法	培训学时	教程字数(万字)
3 工程施工	3.2 现场施工	3.2.7 能制作脊、天沟、斜沟、泛水和老虎窗（A）	1）脊、天沟、斜沟、泛水和老虎窗制作的方法	（1）脊、天沟、斜沟、泛水和老虎窗制作	1）脊、天沟、斜沟、泛水和老虎窗制作施工工艺 2）脊、天沟、斜沟、泛水和老虎窗制作操作要点	讲授法、实物演示法	2	1
		3.2.8 能粘贴改性沥青、合成高分子卷材等新型防水材料（A）	1）改性沥青、合成高分子卷材等新型防水材料粘贴的方法	（1）改性沥青、合成高分子卷材等新型防水材料粘贴	1）改性沥青、合成高分子卷材等新型防水材料粘贴施工工艺 2）改性沥青、合成高分子卷材等新型防水材料粘贴操作要点	讲授法、实物演示法	1	0.4
		3.2.9 能进行防水部位蓄水试验（A）	1）蓄水试验的步骤及方法	（1）蓄水试验	1）蓄水试验的操作步骤 2）蓄水试验的操作要求	讲授法、实物演示法	1	0.4
4 质量验收	4.1 质量检查	4.1.1 能检查自密实混凝土强度及养护情况（A）	1）自密实混凝土强度及养护情况的检查方法	（1）自密实混凝土强度及养护情况检查	1）自密实混凝土强度及养护的检查方法 2）自密实混凝土强度及养护的检查要点	讲授法、实物演示法	1	0.4
		4.1.2 能检查轻骨料混凝土强度及养护情况（A）	1）轻骨料混凝土强度及养护情况的检查方法	（1）轻骨料混凝土强度及养护情况检查	1）轻骨料混凝土强度及养护情况的检查方法 2）轻骨料混凝土强度及养护情况的检查要点			
		4.1.3 能使用回弹仪检测混凝土强度（A）	1）使用回弹仪检测混凝土强度的方法	（1）回弹仪检测混凝土强度	1）回弹仪检测混凝土强度的使用方法 2）回弹仪检测混凝土强度的操作要点			
		4.1.4 能检查砖混结构条形基础的组砌形式（A）	1）砖混结构条形基础组砌形式的检查方法	（1）砖混结构条形基础组砌形式检查	1）砖混结构条形基础组砌形式的检查方法 2）砖混结构条形基础组砌形式的检查要点			

续表

乡村建设工匠泥瓦工高级培训要求				乡村建设工匠泥瓦工高级课程规范				
职业功能模块	培训课程	技能要求	培训细目	学习单元	学习内容	培训方法	培训学时	教程字数(万字)
4 质量验收	4.1 质量检查	4.1.5 能检查清水砖墙的组砌形式、垂直度、平整度(A)	1）清水砖墙组砌形式、垂直度、平整度检查的方法	(1)清水砖墙组砌形式、垂直度、平整度检查	1）清水砖墙组砌形式、垂直度、平整度的检查方法 2）清水砖墙组砌形式、垂直度、平整度的检查要点	讲授法、实物演示法	1	0.4
		4.1.6 能检查直槎、斜槎、马牙槎组砌形式及尺寸(A)	1）直槎、斜槎、马牙槎组砌形式及尺寸检查的方法	(1)直槎、斜槎、马牙槎组砌形式及尺寸检查	1）直槎、斜槎、马牙槎组砌形式及尺寸的检查方法 2）直槎、斜槎、马牙槎组砌形式及尺寸的检查要点			
		4.1.7 能检查筒瓦、中瓦、平瓦等屋面瓦牢固程度及防水性（A）	1）筒瓦、中瓦、平瓦等屋面瓦牢固程度及防水性检查的方法	(1)筒瓦、中瓦、平瓦等屋面瓦牢固程度及防水性检查	1）筒瓦、中瓦、平瓦等屋面瓦牢固程度及防水性的检查方法 2）筒瓦、中瓦、平瓦等屋面瓦牢固程度及防水性的检查要点			
		4.1.8 能检查脊、天沟、斜沟、泛水和老虎窗尺寸、坡度（A）	1）脊、天沟、斜沟、泛水和老虎窗尺寸、坡度检查的方法	(1)脊、天沟、斜沟、泛水和老虎窗尺寸、坡度检查	1）脊、天沟、斜沟、泛水和老虎窗尺寸、坡度的检查方法 2）脊、天沟、斜沟、泛水和老虎窗尺寸、坡度的检查要点			
		4.1.9 能检查改性沥青、合成高分子卷材等新型防水材料粘贴层数、搭接宽度、铺贴顺序（A）	1）改性沥青、合成高分子卷材等新型防水材料粘贴层数、搭接宽度、铺贴顺序检查的方法	(1)改性沥青、合成高分子卷材等新型防水材料粘贴层数、搭接宽度、铺贴顺序检查	1）改性沥青、合成高分子卷材等新型防水材料粘贴层数、搭接宽度、铺贴顺序的检查方法 2）改性沥青、合成高分子卷材等新型防水材料粘贴层数、搭接宽度、铺贴顺序的检查要点			

续表

乡村建设工匠泥瓦工高级培训要求				乡村建设工匠泥瓦工高级课程规范				
职业功能模块	培训课程	技能要求	培训细目	学习单元	学习内容	培训方法	培训学时	教程字数(万字)
4 质量验收	4.2 质量问题处理	4.2.1 能处理自密实混凝土养护不足问题（A）	1）自密实混凝土养护不足处理的方法	（1）自密实混凝土养护不足问题的处理	1）自密实混凝土养护不足存在的问题 2）自密实混凝土养护不足问题的处理方法	讲授法、实物演示法	1	0.5
		4.2.2 能处理轻骨料混凝土养护不足问题（A）	1）轻骨料混凝土养护不足处理的方法	（1）轻骨料混凝土养护不足问题的处理	1）轻骨料混凝土养护不足存在的问题 2）轻骨料混凝土养护不足问题的处理方法			
		4.2.3 能处理混凝土坍落度偏差问题（A）	1）混凝土坍落度偏差问题处理的方法	（1）混凝土坍落度偏差问题的处理	1）混凝土坍落度偏差存在的问题 2）混凝土坍落度偏差问题的处理方法			
		4.2.4 能处理砖混结构条形基础的组砌错误问题（A）	1）砖混结构条形基础组砌错误处理的方法	（1）砖混结构条形基础组砌错误问题的处理	1）砖混结构条形基础组砌错误存在的问题 2）砖混结构条形基础组砌错误问题的处理方法			
		4.2.5 能处理清水砖墙的组砌形式、垂直度、平整度不合格问题（A）	1）清水砖墙的组砌形式、垂直度、平整度不合格问题处理的方法	（1）清水砖墙的组砌形式、垂直度、平整度不合格问题的处理	1）清水砖墙的组砌形式、垂直度、平整度不合格存在的问题 2）清水砖墙的组砌形式、垂直度、平整度不合格问题的处理方法			
		4.2.6 能处理直槎、斜槎、马牙槎组砌形式及尺寸不合格问题（A）	1）直槎、斜槎、马牙槎组砌形式及尺寸不合格问题处理的方法	（1）直槎、斜槎、马牙槎组砌形式及尺寸不合格问题的处理	1）直槎、斜槎、马牙槎组砌形式及尺寸不合格存在的问题 2）直槎、斜槎、马牙槎组砌形式及尺寸不合格问题的处理方法			

续表

乡村建设工匠泥瓦工高级培训要求				乡村建设工匠泥瓦工高级课程规范				
职业功能模块	培训课程	技能要求	培训细目	学习单元	学习内容	培训方法	培训学时	教程字数(万字)
4 质量验收	4.2 质量问题处理	4.2.7 能处理筒瓦、中瓦、平瓦屋面牢固程度、防水性不合格问题（A）	1）筒瓦、中瓦、平瓦屋面牢固程度、防水性能不合格问题处理的方法	（1）筒瓦、中瓦、平瓦屋面牢固程度、防水性能不合格问题的处理	1）筒瓦、中瓦、平瓦屋面牢固程度、防水性能不合格存在的问题 2）筒瓦、中瓦、平瓦屋面牢固程度、防水性能不合格问题的处理方法	讲授法、实物演示法	1	0.5
		4.2.8 能处理脊、天沟、斜沟、泛水和老虎窗的尺寸、坡度不合格问题（A）	1）处理脊、天沟、斜沟、泛水和老虎窗的尺寸、坡度不合格问题处理的方法	（1）脊、天沟、斜沟、泛水和老虎窗的尺寸、坡度不合格问题的处理	1）脊、天沟、斜沟、泛水和老虎窗的尺寸、坡度不合格存在的问题 2）脊、天沟、斜沟、泛水和老虎窗的尺寸、坡度不合格问题的处理方法			
		4.2.9 能处理改性沥青、合成高分子卷材等新型防水材料搭接宽度、铺贴顺序错误问题（A）	1）改性沥青、合成高分子卷材等新型防水材料粘贴层数、搭接宽度、铺贴顺序错误问题处理的方法	（1）改性沥青、合成高分子卷材等新型防水材料粘贴层数、搭接宽度、铺贴顺序错误问题的处理	1）改性沥青、合成高分子卷材等新型防水材料粘贴层数、搭接宽度、铺贴顺序错误存在的问题 2）改性沥青、合成高分子卷材等新型防水材料粘贴层数、搭接宽度、铺贴顺序错误问题的处理方法			
							42	20

乡村建设钢筋工培训大纲

一、制定依据

为加强乡村建设工匠培训管理工作，规范教学行为，提高培训质量，根据《乡村建设工匠国家职业标准（2024年版）》确定的四个职业方向（乡村建设泥瓦工、乡村建设钢筋工、乡村建设木工、乡村建设水电安装工）、五个职业等级（初级、中级、高级、技师、高级技师），以及本职业基本要求、工作要求、权重表等方面内容，并按照住房和城乡建设部的相关要求，制定本大纲。

二、性质、目的和任务

本培训大纲以《乡村建设工匠国家职业标准（2024年版）》为依据，以提高职业技能为核心，以职业活动为导向，承上启下建立职业标准与职业技能培训要求及培训课程之间的联系。

本培训大纲根据乡村建设工匠职业培训教学规律，明确培训课程内容和教材结构，制定清晰的教材编写大纲，指导后续系列各职业方向培训教材的编写工作。

通过本培训大纲及相关课程的理论学习和实际操作教学，培养造就一支高素质、职业化、扎根乡村、服务乡村建设的工匠队伍，为提高农房质量安全水平、全面实施乡村建设行动提供有力的人才支撑。

三、教学基本要求

（1）以提高职业技能为核心，以职业活动为导向，突出乡村建设工匠职业培训和资质认证的实用性，打破习惯上的知识的完整性和系统性。

（2）按照“用什么，学什么，考什么”的原则，强化乡村建设工匠各职业方向应掌握的知识点，做到应学应知、应知应会。

（3）学习理论知识的同时，注重实际技能操作，以培养乡村建设能工巧匠为目标。

（4）授课应以国家职业标准和培训大纲为依据。在完成规定教学内容的基础上，可适当补充新技术、新方法、新设备内容，以更新知识、扩大视野，但考试不能脱离标准和培训大纲。

四、培训教学学时安排

乡村建设工匠培训教学学时安排如下：

乡村建设工匠等级	五级和四级	三级	二级和一级
国家职业技能标准规定培训学时	80	66	52
培训标准学时	80 （理论 24、技能 56）	66 （理论 24、技能 42）	52 （理论 24、技能 28）

每 1 个标准学时为 45～50 分钟。

每个学员的理论培训时间每天不得超过 8 个学时，技能操作时间每天不得超过 4 个学时。

五、大纲说明

（1）本教材培训教学大纲适用于参加乡村建设工匠培训的人员。

（2）本教材培训教学大纲为指导性教学大纲，各地在使用时应依据本职业的国家职业技能标准，结合实际情况，制定实施性培训教学大纲。

（3）鉴于乡村建设工匠职业刚刚列入大典，各地培训基地、培训机构与师资队伍建设及相关考核评价机制尚需进一步完善，大纲未涉及二级／技师和一级／高级技师的技能培训内容。后续根据培训工作实际进展和成效，在经验总结的基础上再行修订培训大纲。

六、基础知识教材内容大纲

表 1　基础知识教材内容结构表

基础知识培训要求			基础知识培训课程规范				
基础知识模块	培训课程	培训细目	学习单元	学习内容	培训方法	培训学时	教程字数(万字)
职业道德基本知识	1. 职业道德的内涵、特征与作用	1）职业道德的内涵 2）职业道德的特征 3）职业道德的作用	1. 职业道德	1）职业道德概述 2）职业道德主要范畴 3）乡村建设工匠职业道德	讲授法	1	0.6
职业守则	1. 质量至上、安全第一	1）质量安全意识 2）质量安全事故	1. 职业守则	1）质量安全意识概述 2）工程建设质量安全事故案例剖析	讲授法	2	1.2
	2. 爱岗敬业、忠于职守	1）爱岗敬业 2）忠于职守		1）爱岗敬业精神与模范人物 2）忠于职守精神与模范人物			
	3. 遵纪守法、团结互助	1）建设行业主要法律法规 2）团结互助		1）建设行业主要法律法规 2）工匠协作精神			
	4. 严谨务实、诚实守信	1）严谨务实 2）诚实守信		1）严谨务实、传承创新 2）诚实守信、立身之本			
	5. 钻研技术、勇于创新	1）能工巧匠 2）创新精神		1）能工巧匠与钻研精神 2）乡村建设需要创新精神			

续表

基础知识培训要求			基础知识培训课程规范				
基础知识模块	培训课程	培训细目	学习单元	学习内容	培训方法	培训学时	教程字数(万字)
识图知识	1. 建筑识图基本知识	1）建筑识图基本知识 2）建筑施工图 3）结构施工图 4）水、暖、电施工图	1. 建筑识图基本知识	1）乡村建筑识图基本知识 2）建筑施工图图例解读 3）结构施工图图例解读（高级工） 4）水、暖、电施工图图例解读（高级工）	讲授法、讨论	1	0.6
	2. 建筑结构与构造基本知识	1）建筑构造基本知识 2）建筑结构构造基本知识	1. 建筑与结构构造基本知识	1）乡村建筑类型 2）建筑结构与类型 3）建筑构造与做法 4）建筑结构构造与做法（高级工）	讲授法、讨论	2	1.2
计算知识	1. 建筑面积计算知识	1）建筑面积的概念 2）建筑面积计算规则 3）建筑面积计算实例	1. 建筑面积计算知识	1）建筑面积的基本概念 2）建筑面积计算的基本规定 3）建筑面积计算方法算例演示	讲授法、讨论、演示法	1	0.6
	2. 基础土方量计算知识	1）土方量的概念 2）土方量计算原理和方法 3）土方量计算实例	1. 基础土方量计算	1）土方量的概念及基础知识 2）计算土方量的原理和方法 3）土方量计算方法算例演示（高级工）			
	3. 钢筋、混凝土与块材、模板、架体材料用量计算知识	1）钢筋工程量计算基础 2）混凝土工程量计算基础 3）块材工程量计算基础 4）钢筋工程量计算规则与计算实例 5）混凝土工程量计算规则与计算实例	1. 钢筋、混凝土与块材工程量计算	1）钢筋工程量计算基础和规则 2）混凝土工程量计算基础和规则 3）块材工程量计算基础和规则 4）钢筋工程量计算算例演示（高级工） 5）混凝土工程量计算算例演示（高级工） 6）块材工程量计算算例演示（高级工）	讲授法、演示法	1	0.6
		1）模板工程量计算 2）架体工程量计算 3）模板工程量计算规则与计算实例 4）架体工程量计算规则与计算实例	2. 模板和架体工程量计算	1）模板工程量计算基本知识 2）架体工程量计算基本知识 3）模板工程量计算规则 4）架体工程量计算规则 5）模板工程量计算算例演示（高级工） 6）架体工程量计算算例演示（高级工）			

续表

基础知识培训要求			基础知识培训课程规范				
基础知识模块	培训课程	培训细目	学习单元	学习内容	培训方法	培训学时	教程字数(万字)
计算知识	4. 水电材料用量计算知识	1）水电材料工程量计算基本知识 2）水电材料工程量计算规则 3）水电材料工程量计算实例	1. 水电材料工程量计算	1）水电材料工程量计算基本知识 2）水电材料工程量计算规则 3）水电材料工程量计算算例演示（高级工）	讲授法、演示法	1	0.6
测量知识	1. 钢尺、铅垂仪、水准仪、经纬仪使用、保养相关知识	1）工程测量的概念 2）测量仪器的使用与保养	1. 工程测量与测量仪器	1）工程测量的概念与任务 2）测量工作的流程 3）常用测量仪器使用介绍 4）常用测量仪器保养介绍	讲授法	2	1.2
	2. 水准测量方法相关知识	1）水准测量的原理 2）水准测量实施方法和成果整理 3）水准仪的检验与校正 4）水准测量的误差	1. 水准测量方法	1）水准测量的原理 2）水准测量的仪器和工具 3）水准仪的使用方法 4）水准测量的实施及成果整理（高级工） 5）水准仪的检验与校正（高级工） 6）水准测量误差及注意事项（高级工）	讲授法	1	0.6
	3. 角度测量方法相关知识	1）角度测量的原理 2）角度测量的方法 3）经纬仪的检验与校正 4）水平角观测的误差分析	1. 角度测量方法	1）角度测量的原理 2）光学经纬仪的度盘读数 3）水平角观测 4）垂直角观测 5）经纬仪的检验与校正（高级工） 6）水平角观测的误差分析（高级工）	讲授法	1	0.6
工程材料知识	1. 钢筋、混凝土、砂浆、水泥、砂子、石子、块材等规格型号知识	1）常用建筑钢材规格及性能 2）混凝土材料规格及性能 3）砂浆材料规格及性能 4）水泥材料规格及性能 5）建筑用砂、石的规格 6）建筑用砌体块材的规格及要求	1. 常用建筑钢材	1）常用建筑钢材及钢筋的规格 2）钢材的力学性能	讲授法、讨论法	1	0.6
			2. 混凝土材料	1）混凝土材料的组成 2）混凝土强度等级 3）混凝土材料的外加剂和掺合料 4）混凝土材料的技术性能			

续表

<table>
<tr><th colspan="3">基础知识培训要求</th><th colspan="5">基础知识培训课程规范</th></tr>
<tr><th>基础知识模块</th><th>培训课程</th><th>培训细目</th><th>学习单元</th><th>学习内容</th><th>培训方法</th><th>培训学时</th><th>教程字数(万字)</th></tr>
<tr><td rowspan="10">工程材料知识</td><td rowspan="4">1. 钢筋、混凝土、砂浆、水泥、砂子、石子、块材等规格型号知识</td><td rowspan="4">1）常用建筑钢材规格及性能
2）混凝土材料规格及性能
3）砂浆材料规格及性能
4）水泥材料规格及性能
5）建筑用砂、石的规格
6）建筑用砌体块材的规格及要求</td><td>3. 砂浆</td><td>1）建筑砂浆的类型
2）砂浆强度等级
3）砂浆的外加剂及对砂浆性能的影响
4）砂浆的技术性能</td><td rowspan="4">讲授法、讨论法</td><td rowspan="4">1</td><td rowspan="4">0.6</td></tr>
<tr><td>4. 水泥</td><td>1）常用水泥的分类
2）常用水泥的技术要求
3）常用水泥的特性及应用</td></tr>
<tr><td>5. 砂、石规格</td><td>1）砂、石的分类和规格
2）砂、石的含泥量和有害杂质
3）颗粒级配的概念
4）砂、石的物理性能指标</td></tr>
<tr><td>6. 建筑用块材</td><td>1）常用建筑块材的分类
2）常用建筑块材的规格
3）常用建筑块材的物理性能</td></tr>
<tr><td rowspan="6">2. 水管、线管、电线、电缆、桥架、配电箱等规格型号知识</td><td rowspan="6">1）建筑用水管材料规格型号
2）建筑用线管材料规格型号
3）建筑用电线、电缆规格型号
4）建筑用桥架类型
5）建筑用配电箱规格</td><td>1. 给水管</td><td>1）水管的分类
2）给水管及其配件
3）如何选择给水管材</td><td rowspan="6">讲授法、实物示教法</td><td rowspan="6">2</td><td rowspan="6">1.3</td></tr>
<tr><td>2. 排水管</td><td>1）排水管及其配件
2）如何选择排水管材</td></tr>
<tr><td>3. 线管</td><td>1）线管的分类及特点
2）线管的选择</td></tr>
<tr><td>4. 电线、电缆</td><td>1）电线、电缆的分类与规格
2）电线与电缆的区别
3）常用电线规格、型号及用途
4）常用电缆的规格、型号
5）选择电线的标准
6）选择电缆的标准</td></tr>
<tr><td>5. 桥架</td><td>1）桥架的作用
2）桥架的分类、规格及用途特点</td></tr>
<tr><td>6. 配电箱</td><td>1）配电箱的用途及类别
2）农村住宅配电箱的选择</td></tr>
</table>

续表

基础知识培训要求			基础知识培训课程规范				
基础知识模块	培训课程	培训细目	学习单元	学习内容	培训方法	培训学时	教程字数(万字)
工程材料知识	3. 模板、钢管脚手架、竹木脚手架、门式脚手架等规格型号知识	1）模板工程用材料规格 2）建筑钢管脚手架基本知识 3）竹木脚手架基本知识 4）门式脚手架基本知识	1. 建筑模板	1）模板的作用及要求 2）模板系统的组成 3）木模板的组成、特点及构造 4）钢模板的组成、特点及构造	讲授法、讨论法	2	1.3
			2. 建筑钢管脚手架	1）钢管脚手架的构造要求 2）钢管脚手架各构件的作用与要求			
			3. 竹木脚手架	1）竹木脚手架的构造要求 2）竹木脚手架各构件的作用与要求			
			4. 门式脚手架	1）门式脚手架的基本结构 2）门式脚手架各构件的作用与要求			
劳动保护、安全知识	1. 职业健康、劳动保护、安全生产相关基本知识	1）职业健康相关基本知识 2）劳动保护相关基本知识 3）安全生产相关基本知识	1. 职业健康	1）职业健康的定义与标准 2）建筑工地常见职业病 3）职业病预防措施	讲授法	1	0.6
			2. 劳动保护	1）劳动保护政策与法规 2）建筑工地劳动保护用品 3）劳动保护培训与教育			
			3. 安全生产	1）安全生产理念、方针和机制 2）施工现场安全环境 3）安全生产的原则 4）安全事故的分类及原因 5）发生安全事故的应急处理方法			
	2. 消防、现场救护相关基本知识	1）消防相关基本知识 2）现场救护相关基本知识	1. 消防保护	1）建筑工地消防安全概述 2）施工现场易发生火灾的场所 3）火灾的分类与特性 4）建筑工地火灾的起因与预防措施 5）建筑工地消防安全设施及使用方法 6）建筑工地火灾的应急处理及逃生方法 7）建筑工地消防安全的宣传教育与培训	讲授法、演示法	1	0.6

续表

基础知识培训要求			基础知识培训课程规范				
基础知识模块	培训课程	培训细目	学习单元	学习内容	培训方法	培训学时	教程字数(万字)
劳动保护、安全知识	2. 消防、现场救护相关基本知识	1）消防相关基本知识 2）现场救护相关基本知识	2. 现场救护	1）现场急救的概念和急救步骤 2）施工现场的应急处理设备和设施 3）施工现场应急处理方法（火灾急救、严重创伤出血伤员的救治、外伤急救四项基本技术、急性中毒的现场处理、触电事故的应急处理）	讲授法、演示法	1	0.6
环境保护、文明施工知识	1. 施工现场环境保护相关知识	1）施工现场环境保护原则和要求 2）施工现场环境保护的措施 3）施工现场环境污染及处理方法	1. 施工现场环境保护	1）施工现场环境保护的原则和要求 2）常见的施工环境污染 3）施工现场环境保护的措施 4）施工现场环境污染的处理方法（大气污染的处理、水污染的处理、噪声污染的处理、固体废物污染的处理以及光污染的处理）	讲授法、观摩法	1	0.6
	2. 成品、半成品保护相关知识	1）成品保护的概念 2）成品、半成品保护措施及制度 3）成品、半成品保护资料记录 4）成品、半成品保护方案编制	1. 成品、半成品保护	1）成品保护的概念 2）成品、半成品保护措施 3）成品、半成品保护制度 4）成品、半成品保护资料记录 5）成品、半成品保护方案编制	讲授法、演示法	1	0.6
	3. 文明施工相关知识	1）文明施工的内容 2）文明施工的要求	1. 文明施工	1）文明施工的要求和目标 2）文明施工的主要内容	讲授法、讨论法	1	0.6
相关法律、法规知识	1.《中华人民共和国土地管理法》相关知识	1）土地的分类和权属 2）耕地与宅基地制度	1. 乡村建设土地管理法、城乡规划法、建筑法	1）土地的分类 2）土地的权属 3）耕地制度 4）宅基地制度	讲授法	1	1
	2.《中华人民共和国城乡规划法》相关知识	1）城乡规划法五项原则 2）城乡规划法五项制度		1）城乡规划法五项原则（城乡统筹原则、合理布局原则、节约土地原则、集约发展原则、先规划后建设原则） 2）城乡规划法五项制度（规划编制和审批制度、建设项目规划管理制度、规划修改制度、规划监督检查制度、违反规划法律责任追究制度）			

续表

基础知识培训要求			基础知识培训课程规范				
基础知识模块	培训课程	培训细目	学习单元	学习内容	培训方法	培训学时	教程字数(万字)
	3.《中华人民共和国建筑法》相关知识	1）宅基地的申请和使用 2）宅基地的标准和限制 3）农村建房施工资质的相关规定	1. 乡村建设土地管理法、城乡规划法、建筑法	1）农村宅基地上建房有“六不准” 2）宅基地的申请和使用 3）宅基地的标准和限制 4）农村建房施工资质的相关规定			
	4.《中华人民共和国劳动合同法》相关知识	1）《中华人民共和国劳动合同法》基本知识	2. 劳动合同法、安全生产法和产品质量法基本知识	1）劳动合同无效或者部分无效 2）竞业限制 3）劳动合同的履行和变更 4）劳动合同的解除和终止			
	5.《中华人民共和国安全生产法》相关知识	1）安全生产方针 2）安全生产法律法规与法律制度 3）特种作业人员安全生产职业规范和岗位职责		1）安全生产方针 2）安全生产法律法规与法律制度 3）特种作业人员安全生产职业规范和岗位职责			
相关法律、法规知识	6.《中华人民共和国产品质量法》相关知识	1）了解产品质量法 2）了解产品质量法的监督管理 3）学习生产者、经营者在产品质量方面的义务和责任 4）了解违反产品质量法的法律责任		1）产品质量法概述 2）产品质量法的监督管理 3）生产者、经营者在产品质量方面的义务和责任 4）违反产品质量法的法律责任	讲授法	1	1
	7.《中华人民共和国劳动法》相关知识	1）了解劳动法的主要内容 2）了解工作时间、休息休假和工资 3）了解职业培训、社会保险和劳动争议	3. 劳动法、环境保护法和消防法基本知识	1）劳动法概述 2）劳动法的主要内容 3）工作时间和休息休假、工资 4）职业培训 5）社会保险和福利 6）劳动争议			
	8.《中华人民共和国环境保护法》相关知识	1）了解环境保护法 2）了解环境保护法总则 3）关注建筑工程中的环境保护与法律责任		1）环境保护法的内涵 2）保护和改善环境 3）防止污染和其他公害 4）在建筑工程中怎样保护环境 5）法律责任			
	9.《中华人民共和国消防法》相关知识	1）了解消防法 2）了解火灾预防与法律责任		1）制定消防法的原因 2）火灾预防 3）法律责任			

续表

基础知识培训要求			基础知识培训课程规范				
基础知识模块	培训课程	培训细目	学习单元	学习内容	培训方法	培训学时	教程字数（万字）
相关法律、法规知识	10.《建设工程质量管理条例》相关知识	1）了解《建设工程质量管理条例》总则 2）了解建筑工程单位的责任和义务 3）了解建设工程质量保修和监督检查	4. 建设工程质量管理条例和特种设备安全监督检查办法基本知识	1）《建设工程质量管理条例》总则 2）建设单位的质量责任和义务 3）勘察、设计单位的质量责任和义务 4）施工单位的质量责任和义务 5）工程监理单位的质量责任和义务 6）建设工程质量保修和监督检查 7）特种设备安全监察的定义、含义和特点 8）特种设备安全监察适用范围和管理特点 9）接受特种设备安全监察的机构和重点监察对象	讲授法	1	1
	11.《特种设备安全监督检查办法》相关知识	1）了解特种设备安全监察 2）特种设备安全监察适用范围和管理特点 3）接受特种设备安全监察的机构和重点监察对象					
						24	15

注：学习内容后面标注高级工等级的为高级工应掌握的学习内容，未标注的为所有等级都应掌握的学习内容。

七、职业技能等级教材内容大纲

表 2　五级 / 初级工 职业技能教材内容结构表

乡村建设工匠钢筋工初级培训要求				乡村建设工匠钢筋工初级课程规范				
职业功能模块	工作内容	技能要求	培训细目	学习单元	学习内容	培训方法	培训学时	教程字数（万字）
1 施工准备	1.1 作业条件准备	1.1.1 能穿戴安全帽、绝缘鞋、防护手套等防护装备	1）安全帽穿戴方法及要求 2）绝缘鞋穿戴方法及要求 3）防护手套等防护装备的穿戴方法及要求 4）安全绳和安全带的佩戴 5）护听器的佩戴	（1）防护装备穿戴方法及要求	1）安全帽的穿戴方法及要求 2）绝缘鞋穿戴方法及要求 3）防护手套等防护装备的穿戴方法及要求 4）安全绳和安全带的佩戴方法及要求 5）护听器的佩戴方法及要求	讲授法、实物演示法	1	0.3

续表

<table>
<tr><th colspan="4">乡村建设工匠钢筋工初级培训要求</th><th colspan="5">乡村建设工匠钢筋工初级课程规范</th></tr>
<tr><th>职业功能模块</th><th>工作内容</th><th>技能要求</th><th>培训细目</th><th>学习单元</th><th>学习内容</th><th>培训方法</th><th>培训学时</th><th>教程字数(万字)</th></tr>
<tr><td rowspan="8">1 施工准备</td><td rowspan="3">1.1 作业条件准备</td><td>1.1.2 能检查手持电钻及更换电池</td><td>1）手持电钻检查方法
2）更换电池的方法</td><td>（1）手持电钻的使用</td><td>1）手持电钻检查方法
2）更换电池的方法</td><td rowspan="3">讲授法、实物演示法</td><td rowspan="3">1</td><td rowspan="3">0.3</td></tr>
<tr><td>1.1.3 能检查无齿锯及更换刀片</td><td>1）无齿锯检查方法
2）更换刀片的方法</td><td>（1）无齿锯的使用</td><td>1）无齿锯检查方法
2）更换刀片的方法</td></tr>
<tr><td>1.1.4 能使用手持灭火器</td><td>1）手持灭火器的使用方法和要求</td><td>（1）手持灭火器的使用</td><td>1）手持灭火器的使用方法
2）手持灭火器的注意事项</td></tr>
<tr><td rowspan="3">1.2 材料准备</td><td>1.2.1 能区分现场钢筋型号</td><td>1）钢筋的型号
2）钢筋型号的识别</td><td>（1）钢筋的型号</td><td>1）钢筋型号的表示方法
2）钢筋型号的现场识别</td><td rowspan="2">讲授法、演示法</td><td rowspan="2">2</td><td rowspan="2">0.5</td></tr>
<tr><td>1.2.2 能区分木方、模板、脚手架等辅助材料型号</td><td>1）木方的型号
2）模板的分类
3）脚手架的分类</td><td>（1）木方、模板、脚手架</td><td>1）木方的型号
2）模板的分类
3）脚手架的分类</td></tr>
<tr><td>1.2.3 能分类码放不同型号、规格的材料</td><td>1）钢筋的码放要求与标识
2）水泥、砌筑材料、木方、模板、脚手架等的码放要求与标识
3）木方、模板、脚手架等辅助材料的成品保护</td><td>（1）材料的码放与标识
（2）材料的现场保护</td><td>1）钢筋的码放要求与标识
2）水泥、砌筑材料的码放要求与标识
3）木方、模板、脚手架等的码放要求与标识
4）木方、模板、脚手架等辅助材料的成品保护</td><td>讲授法</td><td>2</td><td>0.5</td></tr>
<tr><td rowspan="2">1.3 施工机具准备</td><td>1.3.1 能识别现场机具开关箱位置</td><td>1）现场机具开关箱位置识别
2）现场常用机具及配电</td><td>（1）开关箱位置识别及机具配电</td><td>1）现场机具开关箱位置识别
2）现场常用机具及配电</td><td rowspan="2">讲授法、实物演示法</td><td rowspan="2">2</td><td rowspan="2">0.5</td></tr>
<tr><td>1.3.2 能使用开关箱进行设备通、断电</td><td>1）设备通、断电的步骤及要求</td><td>（1）设备通、断电的步骤及要求</td><td>1）设备通、断电准备工作
2）设备通、断电步骤
3）设备通、断电检查工作</td></tr>
</table>

续表

乡村建设工匠钢筋工初级培训要求				乡村建设工匠钢筋工初级课程规范				
职业功能模块	工作内容	技能要求	培训细目	学习单元	学习内容	培训方法	培训学时	教程字数(万字)
2 测量放线	2.1 测量	2.1.1 能区分不同长度单位、角度单位、重量单位	1）长度、角度和质量的度量单位区分	（1）建筑的单位和换算	1）长度单位的区分 2）角度单位的区分 3）质量单位的区分	讲授法	2	0.6
		2.1.2 能换算不同长度单位、角度单位、重量单位	1）长度、角度和质量的度量单位换算		1）长度单位的换算 2）角度单位的换算 3）质量单位的换算	讲授法	3	0.8
	2.2 放线	2.2.1 能区分各种放线工具的使用方法	1）各种放线工具及使用方法	（1）建筑的测量与放线	1）认识放线工具 2）学习放线工具的使用方法	讲授法	2	0.6
		2.2.2 能将现场放线位置与图纸位置相对应	1）放线位置与图纸位置对应的方法		1）测量放线的基本知识（控制点、放线、沉降观察、仪器工具） 2）详解房屋的测量放线	讲授法	4	1.0
3 工程施工	3.1 加工制作	3.1.1 能制作马凳筋、架立筋（B）	1）马凳筋、架立筋下料计算与制作方法	（1）马凳筋、架立筋的制作	1）马凳筋下料计算与制作要点 2）架立筋下料计算与制作要点	讲授法、实物演示法	4	1
		3.1.2 能安装钢筋直螺纹套丝保护帽（B）	1）螺纹套丝保护帽类型 2）钢筋直螺纹套丝保护帽安装的方法	（1）钢筋直螺纹套丝保护帽的安装	1）选择合适的螺纹套丝保护帽 2）清理、安装螺纹套丝保护帽 3）检查安装效果	讲授法	4	1
	3.2 现场施工	3.2.1 能绑扎梁柱箍筋（B）	1）梁、柱识图与构造 2）梁、柱箍筋绑扎的方法	（1）梁、柱箍筋的绑扎	1）梁、柱识图与构造基本知识 2）梁、柱箍筋绑扎方法和操作要点	讲授法、实物演示法	4	0.8
		3.2.2 能绑扎梁拉结筋（B）	1）梁拉结筋的绑扎方法	（1）梁拉结筋的绑扎	1）梁拉结筋绑扎方法及操作要点		4	0.8
		3.2.3 能绑扎梁板架立筋（B）	1）梁、板架立筋的绑扎方法	（1）梁、板架立筋的绑扎	1）梁架立筋绑扎方法和操作要点 2）板架立筋绑扎方法和操作要点		4	0.8

续表

乡村建设工匠钢筋工初级培训要求				乡村建设工匠钢筋工初级课程规范				
职业功能模块	工作内容	技能要求	培训细目	学习单元	学习内容	培训方法	培训学时	教程字数（万字）
3 工程施工	3.2 现场施工	3.2.4 能安装钢筋保护层垫块（B）	1）钢筋保护层的定义和要求 2）钢筋保护层垫块的安装方法	（1）钢筋保护层和表面除锈	1）钢筋保护层的定义和要求 2）常见钢筋保护层垫块的安装方法	讲授法、实物演示法	4	1
		3.2.5 能进行钢筋表面除锈（B）	1）钢筋表面的除锈方法		1）机械除锈 2）化学除锈 3）喷射除锈		4	1.1
4 质量验收	4.1 质量检查	4.1.1 能检查箍筋间距（B）	1）箍筋间距检查的方法 2）拉结筋间距检查的方法	（1）箍筋、拉结筋、架立筋间距的检查 （2）钢筋保护层厚度的检查 （3）钢筋表面除锈质量的检查	1）检查箍筋、拉结筋和架立筋间距是否符合设计规范 2）箍筋、拉结筋和架立筋间距过大的原因	讲授法、实物演示法	1	0.4
		4.1.2 能检查拉结筋间距（B）						
		4.1.3 能检查架立筋间距（B）	1）架立筋间距检查的方法					
		4.1.4 能检查钢筋保护层厚度（B）	1）钢筋保护层厚度检查的方法 2）钢筋表面除锈质量检查的方法		1）检查钢筋保护层厚度是否符合设计规范 2）钢筋表面除锈质量检查常用方法（目视检查、手工敲击、超声波检查、电化学腐蚀检查）			
		4.1.5 能检查钢筋表面除锈质量（B）						
	4.2 质量问题处理	4.2.1 能处理箍筋间距过大问题（B）	1）箍筋间距过大问题处理的方法	（1）箍筋、拉结筋、架立筋间距过大问题的处理	1）箍筋、拉结筋和架立筋间距过大的整改措施 2）箍筋、拉结筋和架立筋间距过大整改注意事项	讲授法、实物演示法	1	0.3
		4.2.2 能处理拉结筋间距过大问题（B）	1）拉结筋间距过大问题处理的方法					
		4.2.3 能处理架立筋间距过大问题（B）	1）架立筋间距过大问题处理的方法					
		4.2.4 能处理钢筋保护层厚度不足的问题（B）	1）钢筋保护层厚度不足问题处理的方法 2）钢筋除锈不彻底处理的方法	（1）钢筋保护层厚度不足、钢筋除锈不彻底的处理	1）钢筋保护层厚度不足问题整改措施 2）钢筋保护层厚度不足问题整改注意事项			

续表

乡村建设工匠钢筋工初级培训要求				乡村建设工匠钢筋工初级课程规范				
职业功能模块	工作内容	技能要求	培训细目	学习单元	学习内容	培训方法	培训学时	教程字数(万字)
4 质量验收	4.2 质量问题处理	4.2.5 能处理钢筋除锈不彻底的问题（B）	1）钢筋保护层厚度不足问题处理的方法 2）钢筋除锈不彻底处理的方法	（1）钢筋保护层厚度不足、钢筋除锈不彻底的处理	1）钢筋除锈不彻底处理整改措施 2）钢筋除锈不彻底处理整改注意事项	讲授法、实物演示法	1	0.3
							56	15

表 3 四级 / 中级工职业技能教材内容结构表

乡村建设工匠钢筋工中级培训要求				乡村建设工匠钢筋工中级课程规范				
职业功能模块	培训课程	技能要求	培训细目	学习单元	学习内容	培训方法	培训学时	教程字数(万字)
1 施工准备	1.1 作业条件准备	1.1.1 能搭设安全防护棚	1）安全防护棚搭设技术要点和施工要求 2）编写安全防护棚搭设方案	（1）安全防护棚的搭设	1）安全防护棚搭设要求与规范 2）安全防护棚施工要点 3）编写安全防护棚搭设方案	讲授法	2	0.5
		1.1.2 能搭设钢管扣件或竹木外脚手架	1）钢管扣件脚手架搭设的方法 2）竹木外脚手架搭设的方法	（1）钢管扣件或竹木外脚手架的搭设	1）脚手架基础构架认识 2）竹木外脚手架的搭设技术要求 3）钢管扣件脚手架搭设技术要求	讲授法、实物演示法	2	0.5
		1.1.3 能进行基础、主体、装修等不同阶段施工现场作业条件清理准备	1）基础、主体、装修等不同阶段施工现场作业条件的清理准备	（1）施工现场作业条件的清理准备	1）基础阶段作业条件清理准备的要求 2）主体阶段作业条件清理准备的要求 3）装修阶段作业条件清理准备的要求			
		1.1.4 能使用消火栓、消防水带	1）了解消火栓、消防水带 2）掌握消火栓和消防水带的使用方法	（1）消防准备	1）消火栓和消防水带 2）消火栓的使用方法 3）消防水带的使用方法			

续表

乡村建设工匠钢筋工中级培训要求				乡村建设工匠钢筋工中级课程规范				
职业功能模块	培训课程	技能要求	培训细目	学习单元	学习内容	培训方法	培训学时	教程字数(万字)
1 施工准备	1.2 材料准备	1.2.1 能设置建筑材料在施工现场的不同位置 1.2.2 能计算建筑材料在施工现场不同位置的放置数量	1）建筑材料在施工现场位置设置的方法 2）建筑材料在施工现场不同位置放置数量的要求	（1）建筑材料施工准备	1）材料堆放的基本要求 2）建筑材料放置的要求（砖、木材、模板和钢材等） 3）建筑材料放置数量的技术要求	讲授法、实物演示法	3	0.8
	1.3 施工机具准备	1.3.1 能检查电动工具与开关箱连接情况并上报 1.3.2 能保管手持电钻、无齿锯、钢筋调直机、钢筋弯曲机等施工工具、器具、机具	1）电动工具与开关箱连接情况检查及上报的要求 2）手持电钻、无齿锯、钢筋调直机、钢筋弯曲机等施工工具、器具、机具的保管要求	（1）施工常用机具准备	1）常用电动工具施工前检查 2）常用电动工具的操作方法 3）常用电动工具的保养 4）常用电动工具的保管场所和人员安排 5）常用电动工具的保管方式和巡查	讲授法、实物演示法	3	0.8
2 测量放线	2.1 测量	2.1.1 能测量构部件的长度、宽度、厚度 2.1.2 能依据控制线测量定位构部件现场位置	1）构部件长度、宽度、厚度测量的相关知识 2）构部件现场位置测量定位的方法	（1）房屋构部件的测量	1）房屋构部件的测量基本知识 2）房屋构部件现场测量方法	讲授法、实物演示法	5	1.3
	2.2 放线	2.2.1 能引测结构施工控制线 2.2.2 能引测装饰施工控制线 2.2.3 能引测建筑物各层轴线、控制线	1）结构施工控制线引测的方法 2）装饰施工控制线引测的方法 3）建筑物各层轴线、控制线引测的方法	（1）建筑放线	1）放线的基本知识 2）水平控制线的引测方法 3）建筑物各层标高的引测方法 4）建筑物各层轴线、控制线的引测方法	讲授法、实物演示法	6	1.6
3 工程施工	3.1 加工制作	3.1.1 能依据下料单调直并切断盘条钢筋（B）	1）依据下料单调直并切断盘条钢筋的方法	（1）调直并切断盘条钢筋的方法	1）常见钢筋下料单识读知识 2）盘条钢筋调直要求 3）盘条钢筋调直工艺 4）盘条钢筋的切断	讲授法、实物演示法	4	1

续表

乡村建设工匠钢筋工中级培训要求				乡村建设工匠钢筋工中级课程规范				
职业功能模块	培训课程	技能要求	培训细目	学习单元	学习内容	培训方法	培训学时	教程字数(万字)
3 工程施工	3.1 加工制作	3.1.2 能依据下料单切断螺纹钢筋（B）	1）依据下料单切断螺纹钢筋的方法	（1）切断螺纹钢筋的方法	1）螺纹钢切断要求 2）螺纹钢切断方法 3）无齿锯切割	讲授法、实物演示法	4	1
	3.2 现场施工	3.2.1 能绑扎梁、板、柱筋（B）	1）梁筋绑扎工艺流程及技术要点 2）柱筋绑扎工艺流程及技术要点 3）板筋绑扎工艺流程及技术要点	（1）梁板柱筋绑扎工艺流程及技术要点	1）柱筋绑扎工艺流程 2）柱钢筋绑扎施工技术要点 3）梁筋绑扎工艺流程 4）梁钢筋绑扎施工技术要点 5）板筋绑扎工艺流程 6）板钢筋绑扎施工技术要点	讲授法、实物演示法	10	2.8
		3.2.2 能绑扎钢筋网片（B）	1）钢筋网片绑扎工艺流程及技术要点	（1）钢筋网片的绑扎	1）钢筋网片绑扎工艺流程 2）钢筋网片绑扎施工技术要点	讲授法、实物演示法	5	1.4
		3.2.3 能进行钢筋搭接连接（B）	1）钢筋搭接连接基本原理及技术要点	（1）钢筋搭接技术要点	1）钢筋搭接连接的基本原理 2）钢筋搭接连接施工技术要点	讲授法、实物演示法	5	1.4
4 质量验收	4.1 质量检查	4.1.1 能检查梁板柱主筋型号、数量、间距、绑扎牢固程度（B）	1）梁板柱主筋型号检查的方法 2）梁板柱主筋数量检查的方法 3）梁板柱主筋间距检查的方法 4）梁板柱主筋绑扎牢固程度检查的方法	（1）梁板柱主筋型号、数量、间距、绑扎牢固程度的质量检查	1）对照图纸检查主筋型号是否符合设计要求 2）对照图纸检查主筋数量是否符合设计要求 3）对照图纸检查主筋间距是否符合设计要求 4）检查主筋绑扎牢固程度是否符合设计要求	讲授法、实物演示法	1	0.3

续表

乡村建设工匠钢筋工中级培训要求				乡村建设工匠钢筋工中级课程规范				
职业功能模块	培训课程	技能要求	培训细目	学习单元	学习内容	培训方法	培训学时	教程字数(万字)
4 质量验收	4.1 质量检查	4.1.2 能检查钢筋网片型号、数量、间距、绑扎牢固程度（B）	1）钢筋网片型号检查的方法 2）钢筋网片数量检查的方法 3）钢筋网片间距检查的方法 4）钢筋网片牢固程度检查的方法	（1）钢筋网片型号、数量、间距、牢固程度的质量检查	1) 对照图纸检查钢筋网片型号是否符合设计要求 2）对照图纸检查钢筋网片数量是否符合设计要求 3）对照图纸检查钢筋网片间距是否符合设计要求 4）检查钢筋网片绑扎牢固程度是否符合设计要求	讲授法、实物演示法	1	0.3
		4.1.3 能检查钢筋搭接连接质量（B）	1）钢筋搭接连接质量检查的方法	（1）钢筋搭接连接的质量检查	1）纵向受力钢筋绑扎搭接接头检查 2）纵向受力钢筋搭接长度范围内箍筋设置检查			
	4.2 质量问题处理	4.2.1 能处理梁、板、柱主筋型号、数量、间距、绑扎牢固程度等不合格问题（B）	1）梁、板、柱主筋型号不合格问题处理的方法 2）梁、板、柱主筋数量不合格问题处理的方法 3）梁、板、柱主筋间距不合格问题处理的方法 4）梁、板、柱主筋绑扎牢固程度等不合格问题处理的方法	（1）梁、板、柱主筋不合格问题的处理方法	1）主筋型号问题整改处理 2）主筋数量问题整改处理 3）主筋间距问题整改处理 4）主筋绑扎牢固程度问题整改处理	讲授法、实物演示法	1	0.3
		4.2.2 能处理钢筋网片型号、数量、间距、绑扎牢固程度等不合格问题（B）	1）钢筋网片型号不合格问题处理的方法 2）钢筋网片数量不合格问题处理的方法 3）钢筋网片间距不合格问题处理的方法 4）钢筋网片绑扎牢固程度等不合格问题处理的方法	（1）钢筋网片和搭接连接不合格问题的处理方法	1）钢筋网片型号问题整改处理 2）钢筋网片数量问题整改处理 3）钢筋网片间距问题整改处理 4）钢筋网片绑扎牢固程度问题整改处理	讲授法、实物演示法	1	0.3

续表

乡村建设工匠钢筋工中级培训要求				乡村建设工匠钢筋工中级课程规范				
职业功能模块	培训课程	技能要求	培训细目	学习单元	学习内容	培训方法	培训学时	教程字数(万字)
4 质量验收	4.2 质量问题处理	4.2.3 能处理钢筋搭接连接不合格问题（B）	1）钢筋搭接连接不合格问题的处理方法	（1）钢筋网片和搭接连接不合格问题的处理方法	1）钢筋搭接连接不合格问题处理方法	讲授法、实物演示法	1	0.3
							56	15

表4　三级／高级工职业技能教材内容结构表

乡村建设工匠钢筋工高级培训要求				乡村建设工匠钢筋工高级课程规范				
职业功能模块	培训课程	技能要求	培训细目	学习单元	学习内容	培训方法	培训学时	教程字数(万字)
1 施工准备	1.1 作业条件准备	1.1.1 能识别施工现场安全隐患	1）劳动防护用品佩戴安全隐患识别 2）高处作业和用电安全隐患识别 3）施工现场消防安全隐患识别	（1）施工现场安全隐患的识别	1）劳动防护用品佩戴安全隐患识别 2）高处作业安全隐患识别 3）安全用电安全隐患识别 4）施工现场消防安全隐患识别	讲授法	1	0.4
		1.1.2 能使用电动助力推车运送材料	1）电动助力推车的特点 2）电动助力推车的使用方法、注意事项及维护保养	（1）电动助力推车的使用	1）电动助力推车的特点 2）电动助力推车的使用方法 3）电动助力推车的注意事项 4）电动助力推车的维护保养	讲授法、实物演示法	1	0.4
		1.1.3 能设定施工现场消防器材摆放位置	1）施工现场消防器材摆放位置设定的方法	（1）消防器材摆放位置	1）灭火器材设置点的要求 2）灭火器材的摆放要求	讲授法	1	0.4

续表

乡村建设工匠钢筋工高级培训要求				乡村建设工匠钢筋工高级课程规范				
职业功能模块	培训课程	技能要求	培训细目	学习单元	学习内容	培训方法	培训学时	教程字数(万字)
1 施工准备	1.1 作业条件准备	1.1.4 能对照、识别详图与平面图	1）建筑、结构平面图识图与详图索引方法 2）平面图对照详图案例解读	（1）建筑、结构平面图与详图识图	1）建筑平面图识图与详图索引方法 2）结构平面图识图与详图索引方法 3）平面图对照详图案例解读	讲授法	1	0.4
	1.2 材料准备	1.2.1 能判别进场钢筋外观质量	1）钢筋外观质量判别方法和判别要点	（1）钢筋外观质量的判别	1）钢筋外观质量判别方法 2）钢筋外观质量判别要点	讲授法、实物演示法	1	0.5
		1.2.2 能判别进场块材外观质量	1）块材外观质量判别方法和判别要点	（1）块材外观质量的判别	1）块材外观质量判别方法 2）块材外观质量判别要点	讲授法、实物演示法	1	0.5
		1.2.3 能判别进场管线外观质量	1）管线外观质量判别方法和判别要点	（1）防水材料外观质量的判别	1）管线外观质量判别方法 2）管线外观质量判别要点	讲授法、实物演示法	1	0.4
		1.2.4 能判别进场防水材料外观质量	1）防水材料外观质量判别方法和判别要点	（1）防水材料外观质量的判别	1）防水材料外观质量判别方法 2）防水材料外观质量判别要点	讲授法、实物演示法	1	0.5
		1.2.5 能判别进场饰面砖、踢脚线、吊顶等装修材料外观质量	1）饰面砖、踢脚线、吊顶等装修材料外观质量判别方法和判别要点	（1）饰面砖、踢脚线、吊顶等装修材料外观质量的判别	1）饰面砖、踢脚线、吊顶等装修材料外观质量判别方法 2）饰面砖、踢脚线、吊顶等装修材料外观质量判别要点	讲授法、实物演示法	1	0.5
	1.3 施工机具准备	1.3.1 能保养手持电钻、无齿锯、钢筋调直机、钢筋弯曲机等施工工具、器具、机具	1）施工电动工具、器具、机具的故障识别 2）施工电动工具、器具、机具的维修和保养	（1）电动工具的故障、维修和保养	1）电动工具的故障识别 2）电动工具的维修方法 3）电动工具的保养要求	讲授法、实物演示法	2	1

续表

乡村建设工匠钢筋工高级培训要求				乡村建设工匠钢筋工高级课程规范				
职业功能模块	培训课程	技能要求	培训细目	学习单元	学习内容	培训方法	培训学时	教程字数(万字)
1 施工准备	1.3 施工机具准备	1.3.2 能识别并排除手持电钻、无齿锯、钢筋调直机、钢筋弯曲机等施工工具、器具、机具的故障	1）施工电动工具、器具、机具的故障识别 2）施工电动工具、器具、机具的维修和保养	（1）电动工具的故障、维修和保养	1）电动工具的故障识别 2）电动工具的维修方法 3）电动工具的保养要求	讲授法、实物演示法	2	1
2 测量放线	2.1 测量	2.1.1 能测量建筑物垂直度	1）建筑物垂直度测量的原理及方法	（1）建筑物垂直度测量的方法	1）测量仪器的选用 2）垂直度测量原理 3）垂直度测量方法	讲授法、实物演示法	2	0.9
		2.1.2 能测量定位室外道路、构筑物、景观	1）室外道路、构筑物、景观测量定位的方法	（1）测量定位	1）测量定位方法 2）测量数据处理 3）测量应用案例		2	1
	2.2 放线	2.2.1 能引测水准点	1）水准点引测的方法步骤 2）编写水准点引测方案	（1）水准点的引测	1）水准点引测方法概述 2）水准点引测的方法步骤 3）编写水准点引测方案	讲授法、实物演示法	2	0.9
		2.2.2 能引测建筑物基坑边线、轴网控制线	1）建筑物基坑边线、轴网控制线引测的方法	（1）轴网控制线的引测方法	1）确定放线点位 2）控制线测引与复测放点 3）精确定位		2	1
3 工程施工	3.1 加工制作	3.1.1 能编制钢筋下料单（B）	1）钢筋下料单的编制方法和注意事项	（1）钢筋配料单的编制	1）编制钢筋配料单流程 2）编制钢筋配料注意事项	讲授法、实物演示法	2	1
		3.1.2 能制作钢筋直螺纹套丝（B）	1）钢筋直螺纹套丝的制作方法 2）钢筋直螺纹套丝的质量通病与预防	（1）钢筋直螺纹套丝的制作方法	1）钢筋直螺纹套丝施工准备 2）钢筋直螺纹套丝工艺流程 3）钢筋直螺纹套丝施工要点 4）钢筋直螺纹质量通病与预防			

续表

乡村建设工匠钢筋工高级培训要求				乡村建设工匠钢筋工高级课程规范				
职业功能模块	培训课程	技能要求	培训细目	学习单元	学习内容	培训方法	培训学时	教程字数(万字)
3 工程施工	3.1 加工制作	3.1.3 能加工梁板柱钢筋（B）	1）梁板柱钢筋的加工方法	（1）梁板柱钢筋的加工方法	1）钢筋调直与除锈 2）钢筋切断 3）钢筋弯曲	讲授法、实物演示法	2	1
	3.2 现场施工	3.2.1 能进行加腋梁、斜梁、下沉板、牛腿柱等复杂形式梁板柱钢筋绑扎（B）	1）加腋梁、斜梁、下沉板、牛腿柱识图与构造基本知识 2）加腋梁、斜梁、下沉板、牛腿柱钢筋绑扎方法	（1）加腋梁、斜梁、下沉板、牛腿柱钢筋绑扎方法和操作要点	1）牛腿柱识图与构造基本知识 2）牛腿柱钢筋绑扎方法和操作要点 3）加腋梁识图与构造基本知识 4）加腋梁钢筋绑扎方法和操作要点 5）斜梁识图与构造基本知识 6）斜梁钢筋绑扎方法和操作要点 7）下沉板识图与构造基本知识 8）下沉板钢筋绑扎方法和操作要点	讲授法、实物演示法	4	2
		3.2.2 能进行钢筋焊接（B）	1）钢筋焊接方法（电弧焊、闪光对焊、电渣压力焊、气压焊）	（1）钢筋焊接方法	1）电弧焊 2）闪光对焊 3）电渣压力焊 4）气压焊	讲授法、实物演示法	4	2
		3.2.3 能进行钢筋机械连接（B）	1）钢筋机械连接特点 2）螺纹套筒接头质量控制要点	（1）螺纹套筒接头	1）螺纹套筒接头的分类 2）直螺纹接头和锥螺纹接头的特点 3）螺纹套筒接头质量控制要点	讲授法、实物演示法	4	2
		3.2.4 能修正钢筋安装的变形、位移（B）	1）钢筋变形、位移的修正方法	（1）钢筋变形、位移的修正	1）钢筋变形修正 2）钢筋位移修正 3）其他常见问题及处理方法	讲授法、实物演示法	3	1.4

续表

乡村建设工匠钢筋工高级培训要求				乡村建设工匠钢筋工高级课程规范				
职业功能模块	培训课程	技能要求	培训细目	学习单元	学习内容	培训方法	培训学时	教程字数(万字)
4 质量验收	4.1 质量检查	4.1.1 能检查加腋梁、斜梁、下沉板、牛腿柱等复杂形式梁板柱钢筋型号、间距、位置、牢固程度（B）	1）加腋梁、斜梁、下沉板、牛腿柱检查方法 2）复杂形式梁板柱钢筋型号、间距、位置、牢固程度检查方法	（1）加腋梁、斜梁、下沉板、牛腿柱等复杂形式梁板柱钢筋型号、间距、位置、牢固程度的检查	1）对照图纸检查加腋梁、斜梁、下沉板、牛腿柱型号是否符合设计要求 2）对照图纸检查复杂形式梁板柱钢筋型号、间距、位置、牢固程度是否符合设计要求	讲授法、实物演示法	1	0.4
		4.1.2 能检查钢筋焊接接头质量（B）	1）钢筋焊接接头质量检查的方法	（1）钢筋焊接接头质量的检查	1）电弧焊接头的外观检查 2）闪光对焊接头的外观检查 3）电渣压力焊接头的外观检查			
		4.1.3 能检查钢筋机械连接拧紧扭矩（B）	1）钢筋机械连接拧紧扭矩检查方法	（1）钢筋机械连接拧紧扭矩的检查	1）钢筋机械连接拧紧扭矩检查规范			
	4.2 质量问题处理	4.2.1 能处理加腋梁、斜梁、下沉板、牛腿柱等复杂形式、柱钢筋型号、间距、位置、牢固程度不合格问题（B）	1）加腋梁、斜梁、下沉板、牛腿柱等复杂形式梁、板、柱钢筋型号、间距、位置、牢固程度不合格问题的处理方法	（1）钢筋型号、间距、位置、牢固程度不合格问题的处理	1）加腋梁、斜梁、下沉板、牛腿柱型号不符合设计处理方法 2）复杂形式梁板柱钢筋型号、间距、位置、牢固程度不符合设计处理方法	讲授法、实物演示法	1	0.4
		4.2.2 能处理钢筋焊接接头偏心等问题（B）	1）钢筋焊接接头偏心等问题处理方法 2）钢筋焊接接头尺寸过小等问题处理方法 3）钢筋焊接接头焊接问题处理方法	（1）钢筋焊接接头不合格问题的处理	1）钢筋焊接接头偏心的处理方法 2）钢筋焊接接头尺寸过小的处理方法 3）钢筋焊接接头焊接缺陷的处理方法			

续表

乡村建设工匠钢筋工高级培训要求				乡村建设工匠钢筋工高级课程规范				
职业功能模块	培训课程	技能要求	培训细目	学习单元	学习内容	培训方法	培训学时	教程字数(万字)
4 质量验收	4.2 质量问题处理	4.2.3 能处理钢筋机械连接拧紧扭矩不足或偏大等质量问题（B）	1）钢筋机械连接拧紧扭矩不足或偏大等质量问题的处理方法	（1）钢筋机械连接拧紧扭矩不足或偏大的处理	1）拧紧扭矩过大处理方法 2）拧紧扭矩过小处理方法	讲授法、实物演示法	1	0.4
							42	20

乡村建设木工培训大纲

一、制定依据

为加强乡村建设工匠培训管理工作，规范教学行为，提高培训质量，根据《乡村建设工匠国家职业标准（2024年版）》确定的四个职业方向（乡村建设泥瓦工、乡村建设钢筋工、乡村建设木工、乡村建设水电安装工）、五个职业等级（初级、中级、高级、技师、高级技师），以及本职业基本要求、工作要求、权重表等方面内容，并按照住房和城乡建设部的相关要求，制定本大纲。

二、性质、目的和任务

本培训大纲以《乡村建设工匠国家职业标准（2024年版）》为依据，以提高职业技能为核心，以职业活动为导向，承上启下建立职业标准与职业技能培训要求及培训课程之间的联系。

本培训大纲根据乡村建设工匠职业培训教学规律，明确培训课程内容和教材结构，制定清晰的教材编写大纲，指导后续系列各职业方向培训教材的编写工作。

通过本培训大纲及相关课程的理论学习和实际操作教学，培养造就一支高素质、职业化、扎根乡村、服务乡村建设的工匠队伍，为提高农房质量安全水平、全面实施乡村建设行动提供有力的人才支撑。

三、教学基本要求

（1）以提高职业技能为核心，以职业活动为导向，突出乡村建设工匠职业培训和资质认证的实用性，打破习惯上的知识的完整性和系统性。

（2）按照“用什么，学什么，考什么”的原则，强化乡村建设工匠各职业方向应掌握的知识点，做到应学应知、应知应会。

（3）学习理论知识的同时，注重实际技能操作，以培养乡村建设能工巧匠为目标。

（4）授课应以国家职业标准和培训大纲为依据。在完成规定教学内容的基础上，可适当补充新技术、新方法、新设备内容，以更新知识、扩大视野，但考试不能脱离标准和培训大纲。

四、培训教学学时安排

乡村建设工匠培训教学学时安排如下：

乡村建设工匠等级	五级和四级	三级	二级和一级
国家职业技能标准规定培训学时	80	66	52
培训标准学时	80 （理论 24、技能 56）	66 （理论 24、技能 42）	52 （理论 24、技能 28）

每 1 个标准学时为 45～50 分钟。

每个学员的理论培训时间每天不得超过 8 个学时，技能操作时间每天不得超过 4 个学时。

五、大纲说明

（1）本教材培训教学大纲适用于参加乡村建设工匠培训的人员。

（2）本教材培训教学大纲为指导性教学大纲，各地在使用时应依据本职业的国家职业技能标准，结合实际情况，制定实施性培训教学大纲。

（3）鉴于乡村建设工匠职业刚刚列入大典，各地培训基地、培训机构与师资队伍建设及相关考核评价机制尚需进一步完善，大纲未涉及二级 / 技师和一级 / 高级技师的技能培训内容。后续根据培训工作实际进展和成效，在经验总结的基础上再行修订培训大纲。

六、基础知识教材内容大纲

表 1　基础知识教材内容结构表

基础知识培训要求			基础知识培训课程规范				
基础知识模块	培训课程	培训细目	学习单元	学习内容	培训方法	培训学时	教程字数(万字)
职业道德基本知识	1. 职业道德的内涵、特征与作用	1）职业道德的内涵 2）职业道德的特征 3）职业道德的作用	1. 职业道德	1）职业道德概述 2）职业道德主要范畴 3）乡村建设工匠职业道德	讲授法	1	0.6
职业守则	1. 质量至上、安全第一	1）质量安全意识 2）质量安全事故	1. 职业守则	1）质量安全意识概述 2）工程建设质量安全事故案例剖析	讲授法	2	1.2
	2. 爱岗敬业、忠于职守	1）爱岗敬业 2）忠于职守		1）爱岗敬业精神与模范人物 2）忠于职守精神与模范人物			
	3. 遵纪守法、团结互助	1）建设行业主要法律法规 2）团结互助		1）建设行业主要法律法规 2）工匠协作精神			
	4. 严谨务实、诚实守信	1）严谨务实 2）诚实守信		1）严谨务实、传承创新 2）诚实守信、立身之本			
	5. 钻研技术、勇于创新	1）能工巧匠 2）创新精神		1）能工巧匠与钻研精神 2）乡村建设需要创新精神			

续表

基础知识培训要求			基础知识培训课程规范				
基础知识模块	培训课程	培训细目	学习单元	学习内容	培训方法	培训学时	教程字数(万字)
识图知识	1. 建筑识图基本知识	1）建筑识图基本知识 2）建筑施工图 3）结构施工图 4）水、暖、电施工图	1. 建筑识图基本知识	1）乡村建筑识图基本知识 2）建筑施工图图例解读 3）结构施工图图例解读（高级工） 4）水、暖、电施工图图例解读（高级工）	讲授法、讨论	1	0.6
	2. 建筑结构与构造基本知识	1）建筑构造基本知识 2）建筑结构构造基本知识	1. 建筑与结构构造基本知识	1）乡村建筑类型 2）建筑结构与类型 3）建筑构造与做法 4）建筑结构构造与做法（高级工）	讲授法、讨论	2	1.2
计算知识	1. 建筑面积计算知识	1）建筑面积的概念 2）建筑面积计算规则 3）建筑面积计算实例	1. 建筑面积计算知识	1）建筑面积的基本概念 2）建筑面积计算的基本规定 3）建筑面积计算方法算例演示	讲授法、讨论、演示法	1	0.6
	2. 基础土方量计算知识	1）土方量的概念 2）土方量计算原理和方法 3）土方量计算实例	1. 基础土方量计算	1）土方量的概念及基础知识 2）计算土方量的原理和方法 3）土方量计算方法算例演示（高级工）			
	3. 钢筋、混凝土与块材、模板、架体材料用量计算知识	1）钢筋工程量计算基础 2）混凝土工程量计算基础 3）块材工程量计算基础 4）钢筋工程量计算规则与计算实例 5）混凝土工程量计算规则与计算实例	1. 钢筋、混凝土与块材工程量计算	1）钢筋工程量计算基础和规则 2）混凝土工程量计算基础和规则 3）块材工程量计算基础和规则 4）钢筋工程量计算算例演示（高级工） 5）混凝土工程量计算算例演示（高级工） 6）块材工程量计算算例演示（高级工）	讲授法、演示法	1	0.6
		1）模板工程量计算 2）架体工程量计算 3）模板工程量计算规则与计算实例 4）架体工程量计算规则与计算实例	2. 模板和架体工程量计算	1）模板工程量计算基本知识 2）架体工程量计算基本知识 3）模板工程量计算规则 4）架体工程量计算规则 5）模板工程量计算算例演示（高级工） 6）架体工程量计算算例演示（高级工）			

续表

<table>
<tr><th colspan="3">基础知识培训要求</th><th colspan="5">基础知识培训课程规范</th></tr>
<tr><th>基础知识模块</th><th>培训课程</th><th>培训细目</th><th>学习单元</th><th>学习内容</th><th>培训方法</th><th>培训学时</th><th>教程字数(万字)</th></tr>
<tr><td>计算知识</td><td>4. 水电材料用量计算知识</td><td>1）水电材料工程量计算基本知识
2）水电材料工程量计算规则
3）水电材料工程量计算实例</td><td>1. 水电材料工程量计算</td><td>1）水电材料工程量计算基本知识
2）水电材料工程量计算规则
3）水电材料工程量计算算例演示（高级工）</td><td>讲授法、演示法</td><td>1</td><td>0.6</td></tr>
<tr><td rowspan="3">测量知识</td><td>1. 钢尺、铅垂仪、水准仪、经纬仪使用、保养相关知识</td><td>1）工程测量的概念
2）测量仪器的使用与保养</td><td>1. 工程测量与测量仪器</td><td>1）工程测量的概念与任务
2）测量工作的流程
3）常用测量仪器使用介绍
4）常用测量仪器保养介绍</td><td>讲授法</td><td>2</td><td>1.2</td></tr>
<tr><td>2. 水准测量方法相关知识</td><td>1）水准测量的原理
2）水准测量实施方法和成果整理
3）水准仪的检验与校正
4）水准测量的误差</td><td>1. 水准测量方法</td><td>1）水准测量的原理
2）水准测量的仪器和工具
3）水准仪的使用方法
4）水准测量的实施及成果整理（高级工）
5）水准仪的检验与校正（高级工）
6）水准测量误差及注意事项（高级工）</td><td>讲授法</td><td>1</td><td>0.6</td></tr>
<tr><td>3. 角度测量方法相关知识</td><td>1）角度测量的原理
2）角度测量的方法
3）经纬仪的检验与校正
4）水平角观测的误差分析</td><td>1. 角度测量方法</td><td>1）角度测量的原理
2）光学经纬仪的度盘读数
3）水平角观测
4）垂直角观测
5）经纬仪的检验与校正（高级工）
6）水平角观测的误差分析（高级工）</td><td>讲授法</td><td>1</td><td>0.6</td></tr>
<tr><td rowspan="2">工程材料知识</td><td rowspan="2">1. 钢筋、混凝土、砂浆、水泥、砂子、石子、块材等规格型号知识</td><td rowspan="2">1）常用建筑钢材规格及性能
2）混凝土材料规格及性能
3）砂浆材料规格及性能
4）水泥材料规格及性能
5）建筑用砂、石的规格
6）建筑用砌体块材的规格及要求</td><td>1. 常用建筑钢材</td><td>1）常用建筑钢材及钢筋的规格
2）钢材的力学性能</td><td rowspan="2">讲授法、讨论法</td><td rowspan="2">1</td><td rowspan="2">0.6</td></tr>
<tr><td>2. 混凝土材料</td><td>1）混凝土材料的组成
2）混凝土强度等级
3）混凝土材料的外加剂和掺合料
4）混凝土材料的技术性能</td></tr>
</table>

续表

<table>
<tr><th colspan="3">基础知识培训要求</th><th colspan="5">基础知识培训课程规范</th></tr>
<tr><th>基础知识模块</th><th>培训课程</th><th>培训细目</th><th>学习单元</th><th>学习内容</th><th>培训方法</th><th>培训学时</th><th>教程字数(万字)</th></tr>
<tr><td rowspan="10">工程材料知识</td><td rowspan="4">1. 钢筋、混凝土、砂浆、水泥、砂子、石子、块材等规格型号知识</td><td rowspan="4">1）常用建筑钢材规格及性能
2）混凝土材料规格及性能
3）砂浆材料规格及性能
4）水泥材料规格及性能
5）建筑用砂、石的规格
6）建筑用砌体块材的规格及要求</td><td>3. 砂浆</td><td>1）建筑砂浆的类型
2）砂浆强度等级
3）砂浆的外加剂及对砂浆性能的影响
4）砂浆的技术性能</td><td rowspan="4">讲授法、讨论法</td><td rowspan="4">1</td><td rowspan="4">0.6</td></tr>
<tr><td>4. 水泥</td><td>1）常用水泥的分类
2）常用水泥的技术要求
3）常用水泥的特性及应用</td></tr>
<tr><td>5. 砂、石规格</td><td>1）砂、石的分类和规格
2）砂、石的含泥量和有害杂质
3）颗粒级配的概念
4）砂、石的物理性能指标</td></tr>
<tr><td>6. 建筑用块材</td><td>1）常用建筑块材的分类
2）常用建筑块材的规格
3）常用建筑块材的物理性能</td></tr>
<tr><td rowspan="6">2. 水管、线管、电线、电缆、桥架、配电箱等规格型号知识</td><td rowspan="6">1）建筑用水管材料规格型号
2）建筑用线管材料规格型号
3）建筑用电线、电缆规格型号
4）建筑用桥架类型
5）建筑用配电箱规格</td><td>1. 给水管</td><td>1）水管的分类
2）给水管及其配件
3）如何选择给水管材</td><td rowspan="6">讲授法、实物示教法</td><td rowspan="6">2</td><td rowspan="6">1.3</td></tr>
<tr><td>2. 排水管</td><td>1）排水管及其配件
2）如何选择排水管材</td></tr>
<tr><td>3. 线管</td><td>1）线管的分类及特点
2）线管的选择</td></tr>
<tr><td>4. 电线、电缆</td><td>1）电线、电缆的分类与规格
2）电线与电缆的区别
3）常用电线规格、型号及用途
4）常用电缆的规格、型号
5）选择电线的标准
6）选择电缆的标准</td></tr>
<tr><td>5. 桥架</td><td>1）桥架的作用
2）桥架的分类、规格及用途特点</td></tr>
<tr><td>6. 配电箱</td><td>1）配电箱的用途及类别
2）农村住宅配电箱的选择</td></tr>
</table>

续表

基础知识培训要求			基础知识培训课程规范				
基础知识模块	培训课程	培训细目	学习单元	学习内容	培训方法	培训学时	教程字数(万字)
工程材料知识	3. 模板、钢管脚手架、竹木脚手架、门式脚手架等规格型号知识	1）模板工程用材料规格 2）建筑钢管脚手架基本知识 3）竹木脚手架基本知识 4）门式脚手架基本知识	1. 建筑模板	1）模板的作用及要求 2）模板系统的组成 3）木模板的组成、特点及构造 4）钢模板的组成、特点及构造	讲授法、讨论法	2	1.3
			2. 建筑钢管脚手架	1）钢管脚手架的构造要求 2）钢管脚手架各构件的作用与要求			
			3. 竹木脚手架	1）竹木脚手架的构造要求 2）竹木脚手架各构件的作用与要求			
			4. 门式脚手架	1）门式脚手架的基本结构 2）门式脚手架各构件的作用与要求			
劳动保护、安全知识	1. 职业健康、劳动保护、安全生产相关基本知识	1）职业健康相关基本知识 2）劳动保护相关基本知识 3）安全生产相关基本知识	1. 职业健康	1）职业健康的定义与标准 2）建筑工地常见职业病 3）职业病预防措施	讲授法	1	0.6
			2. 劳动保护	1）劳动保护政策与法规 2）建筑工地劳动保护用品 3）劳动保护培训与教育			
			3. 安全生产	1）安全生产理念、方针和机制 2）施工现场安全环境 3）安全生产的原则 4）安全事故的分类及原因 5）发生安全事故的应急处理方法			
	2. 消防、现场救护相关基本知识	1）消防相关基本知识 2）现场救护相关基本知识	1. 消防保护	1）建筑工地消防安全概述 2）施工现场易发生火灾的场所 3）火灾的分类与特性 4）建筑工地火灾的起因与预防措施 5）建筑工地消防安全设施及使用方法 6）建筑工地火灾的应急处理及逃生方法 7）建筑工地消防安全的宣传教育与培训	讲授法、演示法	1	0.6

续表

基础知识培训要求			基础知识培训课程规范				
基础知识模块	培训课程	培训细目	学习单元	学习内容	培训方法	培训学时	教程字数(万字)
劳动保护、安全知识	2. 消防、现场救护相关基本知识	1）消防相关基本知识 2）现场救护相关基本知识	2. 现场救护	1）现场急救的概念和急救步骤 2）施工现场的应急处理设备和设施 3）施工现场应急处理方法（火灾急救、严重创伤出血伤员的救治、外伤急救四项基本技术、急性中毒的现场处理、触电事故的应急处理）	讲授法、演示法	1	0.6
环境保护、文明施工知识	1. 施工现场环境保护相关知识	1）施工现场环境保护原则和要求 2）施工现场环境保护的措施 3）施工现场环境污染及处理方法	1. 施工现场环境保护	1）施工现场环境保护的原则和要求 2）常见的施工环境污染 3）施工现场环境保护的措施 4）施工现场环境污染的处理方法（大气污染的处理、水污染的处理、噪声污染的处理、固体废物污染的处理以及光污染的处理）	讲授法、观摩法	1	0.6
	2. 成品、半成品保护相关知识	1）成品保护的概念 2）成品、半成品保护措施及制度 3）成品、半成品保护资料记录 4）成品、半成品保护方案编制	1. 成品、半成品保护	1）成品保护的概念 2）成品、半成品保护措施 3）成品、半成品保护制度 4）成品、半成品保护资料记录 5）成品、半成品保护方案编制	讲授法、演示法	1	0.6
	3. 文明施工相关知识	1）文明施工的内容 2）文明施工的要求	1. 文明施工	1）文明施工的要求和目标 2）文明施工的主要内容	讲授法、讨论法	1	0.6
相关法律、法规知识	1.《中华人民共和国土地管理法》相关知识	1）土地的分类和权属 2）耕地与宅基地制度	1. 乡村建设土地管理法、城乡规划法、建筑法	1）土地的分类 2）土地的权属 3）耕地制度 4）宅基地制度	讲授法	1	1
	2.《中华人民共和国城乡规划法》相关知识	1）城乡规划法五项原则 2）城乡规划法五项制度		1）城乡规划法五项原则（城乡统筹原则、合理布局原则、节约土地原则、集约发展原则、先规划后建设原则） 2）城乡规划法五项制度（规划编制和审批制度、建设项目规划管理制度、规划修改制度、规划监督检查制度、违反规划法律责任追究制度）			

续表

基础知识培训要求			基础知识培训课程规范				
基础知识模块	培训课程	培训细目	学习单元	学习内容	培训方法	培训学时	教程字数(万字)
相关法律、法规知识	3.《中华人民共和国建筑法》相关知识	1）宅基地的申请和使用 2）宅基地的标准和限制 3）农村建房施工资质的相关规定	1. 乡村建设土地管理法、城乡规划法、建筑法	1）农村宅基地上建房有“六不准” 2）宅基地的申请和使用 3）宅基地的标准和限制 4）农村建房施工资质的相关规定	讲授法	1	1
	4.《中华人民共和国劳动合同法》相关知识	1）《中华人民共和国劳动合同法》基本知识	2. 劳动合同法、安全生产法和产品质量法基本知识	1）劳动合同无效或者部分无效 2）竞业限制 3）劳动合同的履行和变更 4）劳动合同的解除和终止			
	5.《中华人民共和国安全生产法》相关知识	1）安全生产方针 2）安全生产法律法规与法律制度 3）特种作业人员安全生产职业规范和岗位职责		1）安全生产方针 2）安全生产法律法规与法律制度 3）特种作业人员安全生产职业规范和岗位职责			
	6.《中华人民共和国产品质量法》相关知识	1）了解产品质量法 2）了解产品质量法的监督管理 3）学习生产者、经营者在产品质量方面的义务和责任 4）了解违反产品质量法的法律责任		1）产品质量法概述 2）产品质量法的监督管理 3）生产者、经营者在产品质量方面的义务和责任 4）违反产品质量法的法律责任			
	7.《中华人民共和国劳动法》相关知识	1）了解劳动法的主要内容 2）了解工作时间、休息休假和工资 3）了解职业培训、社会保险和劳动争议	3. 劳动法、环境保护法和消防法基本知识	1）劳动法概述 2）劳动法的主要内容 3）工作时间和休息休假、工资 4）职业培训 5）社会保险和福利 6）劳动争议			
	8.《中华人民共和国环境保护法》相关知识	1）了解环境保护法 2）了解环境保护法总则 3）关注建筑工程中的环境保护与法律责任		1）环境保护法的内涵 2）保护和改善环境 3）防止污染和其他公害 4）在建筑工程中怎样保护环境 5）法律责任			
	9.《中华人民共和国消防法》相关知识	1）了解消防法 2）了解火灾预防与法律责任		1）制定消防法的原因 2）火灾预防 3）法律责任			

续表

基础知识培训要求			基础知识培训课程规范				
基础知识模块	培训课程	培训细目	学习单元	学习内容	培训方法	培训学时	教程字数(万字)
相关法律、法规知识	10.《建设工程质量管理条例》相关知识	1）了解《建设工程质量管理条例》总则 2）了解建筑工程单位的责任和义务 3）了解建设工程质量保修和监督检查	4. 建设工程质量管理条例和特种设备安全监督检查办法基本知识	1）《建设工程质量管理条例》总则 2）建设单位的质量责任和义务 3）勘察、设计单位的质量责任和义务 4）施工单位的质量责任和义务 5）工程监理单位的质量责任和义务 6）建设工程质量保修和监督检查 7)特种设备安全监察的定义、含义和特点 8）特种设备安全监察适用范围和管理特点 9）接受特种设备安全监察的机构和重点监察对象	讲授法	1	1
	11.《特种设备安全监督检查办法》相关知识	1）了解特种设备安全监察 2）特种设备安全监察适用范围和管理特点 3）接受特种设备安全监察的机构和重点监察对象					
						24	15

注：学习内容后面标注高级工等级的为高级工应掌握的学习内容，未标注的为所有等级都应掌握的学习内容。

七、职业技能等级教材内容大纲

表 2　五级／初级工职业技能教材内容结构表

乡村建设工匠木工初级培训要求				乡村建设工匠木工初级课程规范				
职业功能模块	工作内容	技能要求	培训细目	学习单元	学习内容	培训方法	培训学时	教程字数(万字)
1 施工准备	1.1 作业条件准备	1.1.1 能穿戴安全帽、绝缘鞋、防护手套等防护装备	1）安全帽穿戴方法及要求 2）绝缘鞋穿戴方法及要求 3）防护手套等防护装备的穿戴方法及要求 4）安全绳和安全带的佩戴 5）护听器的佩戴	（1）防护装备穿戴方法及要求	1）安全帽的穿戴方法及要求 2）绝缘鞋穿戴方法及要求 3）防护手套等防护装备的穿戴方法及要求 4）安全绳和安全带的佩戴方法及要求 5）护听器的佩戴方法及要求	讲授法、实物演示法	1	0.3

续表

乡村建设工匠木工初级培训要求				乡村建设工匠木工初级课程规范				
职业功能模块	工作内容	技能要求	培训细目	学习单元	学习内容	培训方法	培训学时	教程字数(万字)
1 施工准备	1.1 作业条件准备	1.1.2 能检查手持电钻及更换电池	1）手持电钻检查方法 2）更换电池的方法	（1）手持电钻的使用	1）手持电钻检查方法 2）更换电池的方法	讲授法、实物演示法	1	0.3
		1.1.3 能检查无齿锯及更换刀片	1）无齿锯检查方法 2）更换刀片的方法	（1）无齿锯的使用	1）无齿锯检查方法 2）更换刀片的方法		1	0.3
		1.1.4 能使用手持灭火器	1）手持灭火器的使用方法和要求	（1）手持灭火器的使用	1）手持灭火器的使用方法 2）手持灭火器的注意事项		1	0.3
	1.2 材料准备	1.2.1 能区分现场钢筋型号	1）钢筋的型号 2）钢筋型号的识别	（1）钢筋的型号	1）钢筋型号的表示方法 2）钢筋型号的现场识别	讲授法、演示法	2	0.5
		1.2.2 能区分木方、模板、脚手架等辅助材料型号	1）木方的型号 2）模板的分类 3）脚手架的分类	（1）木方、模板、脚手架	1）木方的型号 2）模板的分类 3）脚手架的分类		2	0.5
		1.2.3 能分类码放不同型号、规格的材料	1）钢筋的码放要求与标识 2）水泥、砌筑材料、木方、模板、脚手架等的码放要求与标识 3）木方、模板、脚手架等辅助材料的成品保护	（1）材料的码放与标识 （2）材料的现场保护	1）钢筋的码放要求与标识 2）水泥、砌筑材料的码放要求与标识 3）木方、模板、脚手架等的码放要求与标识 4）木方、模板、脚手架等辅助材料的成品保护	讲授法	2	0.5
	1.3 施工机具准备	1.3.1 能识别现场机具开关箱位置	1）现场机具开关箱位置识别 2）现场常用机具及配电	（1）开关箱位置识别及机具配电	1）现场机具开关箱位置识别 2）现场常用机具及配电	讲授法、实物演示法	2	0.5
		1.3.2 能使用开关箱进行设备通、断电	1）设备通、断电的步骤及要求	（1）设备通、断电的步骤及要求	1）设备通、断电准备工作 2）设备通、断电步骤 3）设备通、断电检查工作			

续表

乡村建设工匠木工初级培训要求				乡村建设工匠木工初级课程规范				
职业功能模块	工作内容	技能要求	培训细目	学习单元	学习内容	培训方法	培训学时	教程字数(万字)
2 测量放线	2.1 测量	2.1.1 能区分不同长度单位、角度单位、重量单位	1）长度、角度和质量的度量单位区分	（1）建筑的单位和换算	1）长度单位的区分 2）角度单位的区分 3）质量单位的区分	讲授法	5	1.4
		2.1.2 能换算不同长度单位、角度单位、重量单位	1）长度、角度和质量的度量单位换算		1）长度单位的换算 2）角度单位的换算 3）质量单位的换算			
	2.2 放线	2.2.1 能区分各种放线工具的使用方法	1）各种放线工具及使用方法	（1）建筑的测量与放线	1）认识放线工具 2）学习放线工具的使用方法	讲授法	6	1.6
		2.2.2 能将现场放线位置与图纸位置相对应	1）放线位置与图纸位置对应的方法		1）测量放线的基本知识（控制点、放线、沉降观察、仪器工具） 2）详解房屋的测量放线			
3 工程施工	3.1 加工制作	3.1.1 能分类码放、运输脚手架材料（C）	1）脚手架材料分类码放 2）脚手架运输的要求	（1）脚手架材料分类码放、运输	1）脚手架现场堆放规范 2）钢管的存放要求 3）脚手架配件的存放要求 4）存放常见问题处理方案 5）脚手架的运输	讲授法、实物演示法	4	1
		3.1.2 能分类码放、运输模板材料（C）	1）模板材料分类码放 2）模板材料运输的要求	（1）模板材料分类码放、运输	1）木模板的分类码放 2）木模板的运输要求	讲授法	4	1
	3.2 现场施工	3.2.1 能安装梁模板、柱模板（C）	1）梁模板安装方法 2）板模板安装方法 3）柱模板安装方法 4）楼梯模板安装方法 5）基础模板安装方法	（1）梁模板、柱模板安装方法	1）基础模板安装 2）柱模板安装 3）梁模板安装 4）板模板安装 5）楼梯模板安装	讲授法、实物演示法	5	1.3

续表

乡村建设工匠木工初级培训要求				乡村建设工匠木工初级课程规范				
职业功能模块	工作内容	技能要求	培训细目	学习单元	学习内容	培训方法	培训学时	教程字数(万字)
3 工程施工	3.2 现场施工	3.2.2 能拆除非承重梁板柱模板（C）	1）非承重梁板柱模板的拆除方法	（1）非承重梁板柱模板拆除方法	1）模板的拆除顺序 2）模板拆除的安全要求	讲授法、实物演示法	5	1.3
		3.2.3 能安装及拆除钢管扣件式脚手架（C）	1）钢管扣件式脚手架安装顺序及技术规范 2）钢管扣件式脚手架拆除顺序及要求	（1）钢管扣件式脚手架安装及拆除	1）脚手架搭设顺序 2）脚手架安装技术规范（放线和铺垫板、摆放扫地杆和竖立杆、安装纵横水平杆、设置抛撑、连墙件、扣件安装、连立杆、剪刀撑、铺脚手板、栏杆和挡脚板、安全网搭设） 3）钢管扣件式脚手架拆除准备工作 4）钢管扣件式脚手架拆除顺序 5）钢管扣件式脚手架拆除要求	讲授法、实物演示法	5	1.4
		3.2.4 能安装及拆除木竹脚手架（C）	1）竹木脚手架安装及拆除方法 2）竹木脚手架拆除注意事项	（1）竹木脚手架安装及拆除	1）竹脚手架的安装 2）竹木脚手架拆除顺序和拆除要求 3）竹木脚手架拆除注意事项	讲授法、实物演示法	5	1.3
4 质量验收	4.1 质量检查	4.1.1 能检查钢管扣件脚手架立杆间距、水平杆步距（C）	1）钢管扣件脚手架立杆间距、水平杆步距检查规范	（1）钢管扣件脚手架立杆间距、水平杆步距的检查	1）钢管扣件脚手架检查内容（地基基础、排水沟、垫板、扫地杆、主体、脚手板、连墙杆、剪刀撑、架体防坠落措施） 2）钢管扣件脚手架立杆间距检查规范 3）钢管扣件脚手架水平杆步距检查规范	讲授法、实物演示法	1	0.4

续表

乡村建设工匠木工初级培训要求				乡村建设工匠木工初级课程规范				
职业功能模块	工作内容	技能要求	培训细目	学习单元	学习内容	培训方法	培训学时	教程字数(万字)
4 质量验收	4.1 质量检查	4.1.2 能检查木竹脚手架立杆间距、水平杆步距（C）	1）木竹脚手架立杆间距、水平杆步距的检查方法	（1）木竹脚手架立杆间距、水平杆步距的检查	1）木竹脚手架立杆间距技术要求检查 2）木竹脚手架水平杆步距技术要求检查	讲授法、实物演示法	1	0.4
		4.1.3 能检查梁板柱模板安装垂直度、平整度（C）	1）梁板柱模板安装垂直度、平整度的检查方法	（1）梁板柱模板安装垂直度、平整度的检查	1）模板垂直度检查工具和方法 2）模板平整度检查			
	4.2 质量问题处理	4.2.1 能处理钢管扣件脚手架立杆间距、水平杆步距过大问题（C）	1）钢管扣件脚手架立杆间距、水平杆步距过大处理方法	（1）钢管扣件和木竹脚手脚手架立杆间距、水平杆步距过大的处理方法	1）钢管扣件脚手架立杆间距过大处理方法 2）钢管扣件脚手架水平杆步距过大处理方法	讲授法、实物演示法	1	0.3
		4.2.2 能处理木竹脚手架立杆间距、水平杆步距过大问题（C）	1）木竹脚手架立杆间距、水平杆步距过大处理方法		1）木竹脚手架立杆间距过大处理方法 2）木竹脚手架水平杆步距过大处理方法			
		4.2.3 能处理梁板柱模板安装垂直度、平整度不合格问题（C）	1）梁板柱模板安装垂直度、平整度不合格问题的处理方法	（1）梁板柱模板安装垂直度、平整度不合格问题的处理方法	1）模板垂直度不合格问题处理方法 2）模板平整度不合格问题处理方法	讲授法、实物演示法	1	0.3
							56	15

表3　四级／中级工职业技能教材内容结构表

乡村建设工匠木工中级培训要求				乡村建设工匠木工中级课程规范				
职业功能模块	培训课程	技能要求	培训细目	学习单元	学习内容	培训方法	培训学时	教程字数(万字)
1 施工准备	1.1 作业条件准备	1.1.1 能搭设安全防护棚	1）安全防护棚搭设技术要点和施工要求 2）编写安全防护棚搭设方案	（1）安全防护棚的搭设	1）安全防护棚搭设要求与规范 2）安全防护棚施工要点 3）编写安全防护棚搭设方案	讲授法	2	0.5
		1.1.2 能搭设钢管扣件或竹木外脚手架	1）钢管扣件或竹木外脚手架搭设的方法	（1）钢管扣件或竹木外脚手架的搭设	1）脚手架基础构架认识 2）竹木外脚手架的搭设技术要求 3）钢管扣件脚手架搭设技术要求	讲授法、实物演示法	2	0.5
		1.1.3 能进行基础、主体、装修等不同阶段施工现场作业条件清理准备	1）基础、主体、装修等不同阶段施工现场作业条件的清理准备	（1）施工现场作业条件的清理准备	1）基础阶段作业条件清理准备的要求 2）主体阶段作业条件清理准备的要求 3）装修阶段作业条件清理准备的要求			
		1.1.4 能使用消火栓、消防水带	1）消火栓、消防水带 2）消火栓和消防水带的使用方法	（1）消防器材准备	1）消火栓和消防水带 2）消火栓的使用方法 3）消防水带的使用方法			
	1.2 材料准备	1.2.1 能设置建筑材料在施工现场的不同位置 1.2.2 能计算建筑材料在施工现场不同位置的放置数量	1）建筑材料在施工现场位置设置的方法 2）建筑材料在施工现场不同位置放置数量的要求	（1）建筑材料施工准备	1）材料堆放的基本要求 2）建筑材料放置的要求（砖、木材、模板和钢材等） 3）建筑材料放置数量的技术要求	讲授法、实物演示法	3	0.8
	1.3 施工机具准备	1.3.1 能检查电动工具与开关箱连接情况并上报 1.3.2 能保管手持电钻、无齿锯、钢筋调直机、钢筋弯曲机等施工工具、器具、机具	1）电动工具与开关箱连接情况检查及上报的要求 2）手持电钻、无齿锯、钢筋调直机、钢筋弯曲机等施工工具、器具、机具的保管要求	（1）施工常用机具准备	1）常用电动工具施工前检查 2）常用电动工具的操作方法 3）常用电动工具的保养 4）常用电动工具的保管场所和人员安排 5）常用电动工具的保管方式和巡查	讲授法、实物演示法	3	0.8

续表

乡村建设工匠木工中级培训要求				乡村建设工匠木工中级课程规范				
职业功能模块	培训课程	技能要求	培训细目	学习单元	学习内容	培训方法	培训学时	教程字数(万字)
2 测量放线	2.1 测量	2.1.1 能测量构部件的长度、宽度、厚度 2.1.2 能依据控制线测量定位构部件现场位置	1）构部件长度、宽度、厚度测量的相关知识 2）构部件现场位置测量定位的方法	（1）房屋构部件的测量	1）房屋构部件的测量基本知识 2）房屋构部件现场测量方法	讲授法、实物演示法	5	1.3
	2.2 放线	2.2.1 能引测结构施工控制线 2.2.2 能引测装饰施工控制线 2.2.3 能引测建筑物各层轴线、控制线	1）结构施工控制线引测的方法 2）装饰施工控制线引测的方法 3）建筑物各层轴线、控制线引测的方法	（1）建筑放线	1）放线的基本知识 2）水平控制线的引测方法 3）建筑物各层标高的引测方法 4）建筑物各层轴线、控制线的引测方法	讲授法、实物演示法	6	1.6
3 工程施工	3.1 加工制作	3.1.1 能依据方案准备模板加固用对拉螺栓（C）	1）依据方案准备对拉螺栓	（1）对拉螺栓的准备	1）对拉螺柱的类型 2）对拉螺柱准备的关键步骤 3）对拉螺柱准备的要求	讲授法、实物演示法	4	1
		3.1.2 能依据下料单进行架体龙骨制作（C）	1）依据下料单制作架体龙骨的方法	（1）架体龙骨的制作	1）架体龙骨的材料准备 2）架体龙骨的施工机具 3）柱、梁、楼梯模板龙骨设置	讲授法、实物演示法	4	1
	3.2 现场施工	3.2.1 能支设坡屋面等复杂结构木模板（C）	1）坡屋面等复杂结构木模板的支设方法（坡屋面、有弧度造型结构、旋转楼梯）	（1）复杂结构木模板的支设	1）坡屋面结构木模板的安装及固定 2）有弧度造型结构木模板的安装及固定 3）旋转楼梯模板的安装及固定	讲授法、实物演示法	5	1.4
		3.2.2 能支设起拱模板（C）	1）起拱模板的支设方法	（1）起拱模板的支设方法	1）模板架体起拱注意要点 2）模板架体起拱操作事项	讲授法、实物演示法	5	1.4

续表

乡村建设工匠木工中级培训要求				乡村建设工匠木工中级课程规范				
职业功能模块	培训课程	技能要求	培训细目	学习单元	学习内容	培训方法	培训学时	教程字数(万字)
3 工程施工	3.2 现场施工	3.2.3 能搭设碗扣式、承插式钢管脚手架（C）	1）碗扣式钢管脚手架主要配件及构造要求 2）碗扣式钢管脚手架的搭设 3）承插式钢管脚手架搭设的配件及构造要求	（1）碗扣式、承插式钢管脚手架的搭设方法	1）碗扣式钢管脚手架主要配件及构造要求 2）碗扣式钢管脚手架的搭设 3）承插式钢管脚手架主要配件和材料 4）承插式钢管脚手架构造要求	讲授法、实物演示法	5	1.4
		3.2.4 能拆除碗扣式、承插式钢管脚手架（C）	1）碗扣式、承插式钢管脚手架拆除的方法	（1）碗扣式、承插式钢管脚手架的拆除方法	1）承插式钢管脚手架的拆除 2）碗扣式钢管脚手架的拆除	讲授法、实物演示法	5	1.4
4 质量验收	4.1 质量检查	4.1.1 能检查坡屋面等复杂结构木模板的几何尺寸及牢固程度（C）	1）坡屋面等复杂结构木模板的几何尺寸及牢固程度检查方法	（1）坡屋面等复杂结构木模板的检查方法	1）坡屋面结构木模板的检查方法（检查内容、方法、记录） 2）有弧度造型结构木模板的检查方法（检查内容、方法、记录）	讲授法、实物演示法	1	0.3
		4.1.2 能检查梁板模板架体起拱质量（C）	1）梁板模板架体起拱质量检查的方法	（1）梁板模板架体起拱的质量检查	1）梁板模板架体起拱质量检查内容 2）梁板模板架体起拱质量检查方法			
		4.1.3 能检查碗扣式、承插式钢管脚手架立杆间距、水平杆步距（C）	1）碗扣式钢管脚手架的检查（架体基础、连墙杆、杆件间距和步距、扣件紧固、脚手板、防护栏杆） 2）承插式钢管脚手架检查（架体基础、连墙杆、杆件间距和步距、扣件紧固、脚手板、防护栏杆）	（1）碗扣式、承插式钢管脚手架的检查要点和方法	1）架体基础的检查 2）连墙杆的检查 3）杆件间距、步距的检查 4）碗扣紧固的检查 5）脚手板铺设的检查 6）作业层防护栏杆的检查 7）承插式脚手架立杆间距检查 8）承插式脚手架水平杆步距检查			

续表

乡村建设工匠木工中级培训要求				乡村建设工匠木工中级课程规范				
职业功能模块	培训课程	技能要求	培训细目	学习单元	学习内容	培训方法	培训学时	教程字数(万字)
4 质量验收	4.2 质量问题处理	4.2.1 能处理坡屋面等复杂结构木模板的几何尺寸及牢固程度不合格问题（C）	1）坡屋面等复杂结构木模板的几何尺寸及牢固程度不合格问题处理的方法	（1）坡屋面等复杂结构木模板检查后的处理方法	1）坡屋面结构木模板检查后处理方法 2）有弧度造型结构木模板检查后处理方法	讲授法、实物演示法	1	0.3
		4.2.2 能处理梁板模板架体起拱不足问题（C）	1）梁板模板架体起拱不足问题处理的方法	（2）梁板模板架体起拱不足问题的整改	1）梁板模板架体起拱不足问题整改措施			
		4.2.3 能处理碗扣式、承插式钢管脚手架立杆间距、水平杆步距不合格问题（C）	1）碗扣式、承插式钢管脚手架立杆间距、水平杆步距不合格问题处理的方法	（1）碗扣式、承插式钢管脚手架整改步骤和要点	1）碗扣式钢管脚手架整改要点（立杆间距、水平杆步距不合格） 2）承插式钢管脚手架整改要点（立杆间距、水平杆步距不合格）	讲授法、实物演示法	1	0.3
							56	15

表 4　三级／高级工职业技能 教材内容结构表

乡村建设工匠木工高级培训要求				乡村建设工匠木工高级课程规范				
职业功能模块	培训课程	技能要求	培训细目	学习单元	学习内容	培训方法	培训学时	教程字数(万字)
1 施工准备	1.1 作业条件准备	1.1.1 能识别施工现场安全隐患	1）劳动防护用品佩戴安全隐患识别 2）高处作业和用电安全隐患识别 3）施工现场消防安全隐患识别	（1）施工现场安全隐患的识别	1）劳动防护用品佩戴安全隐患识别 2）高处作业安全隐患识别 3）安全用电安全隐患识别 4）施工现场消防安全隐患识别	讲授法	1	0.4

续表

乡村建设工匠木工高级培训要求				乡村建设工匠木工高级课程规范				
职业功能模块	培训课程	技能要求	培训细目	学习单元	学习内容	培训方法	培训学时	教程字数(万字)
1 施工准备	1.1 作业条件准备	1.1.2 能使用电动助力推车运送材料	1）电动助力推车的特点 2）电动助力推车的使用方法、注意事项及维护保养	（1）电动助力推车的使用	1）电动助力推车的特点 2）电动助力推车的使用方法 3）电动助力推车的注意事项 4）电动助力推车的维护保养	讲授法、实物演示法	1	0.4
		1.1.3 能设定施工现场消防器材摆放位置	1）施工现场消防器材摆放位置设定的方法	（1）消防器材摆放位置	1）灭火器材设置点的要求 2）灭火器材的摆放要求	讲授法	1	0.4
		1.1.4 能对照、识别详图与平面图	1）建筑、结构平面图识图与详图索引方法 2）平面图对照详图案例解读	（1）建筑和结构平面图和详图识图	1）建筑平面图识图与详图索引方法 2）结构平面图识图与详图索引方法 3）平面图对照详图案例解读	讲授法	1	0.4
	1.2 材料准备	1.2.1 能判别进场钢筋外观质量	1）钢筋外观质量判别方法和判别要点	（1）钢筋、块材和管线外观质量判别	1）钢筋外观质量判别方法 2）钢筋外观质量判别要点	讲授法、实物演示法	3	1.4
		1.2.2 能判别进场块材外观质量	1）块材外观质量判别方法和判别要点		1）块材外观质量判别方法 2）块材外观质量判别要点			
		1.2.3 能判别进场管线外观质量	1）管线外观质量判别方法和判别要点		1）管线外观质量判别方法 2）管线外观质量判别要点			
		1.2.4 能判别进场防水材料外观质量	1）防水材料外观质量判别方法和判别要点	（1）防水材料外观质量判别;饰面砖、踢脚线、吊顶等装修材料外观质量判别	1）防水材料外观质量判别方法 2）防水材料外观质量判别要点	讲授法、实物演示法	2	1
		1.2.5 能判别进场饰面砖、踢脚线、吊顶等装修材料外观质量	1）饰面砖、踢脚线、吊顶等装修材料外观质量判别方法和判别要点		1）饰面砖、踢脚线、吊顶等装修材料外观质量判别方法 2）饰面砖、踢脚线、吊顶等装修材料外观质量判别要点			

续表

乡村建设工匠木工高级培训要求				乡村建设工匠木工高级课程规范				
职业功能模块	培训课程	技能要求	培训细目	学习单元	学习内容	培训方法	培训学时	教程字数(万字)
1 施工准备	1.3 施工机具准备	1.3.1 能保养手持电钻、无齿锯、钢筋调直机、钢筋弯曲机等施工工具、器具、机具 1.3.2 能识别并排除手持电钻、无齿锯、钢筋调直机、钢筋弯曲机等施工工具、器具、机具的故障	1）施工电动工具、器具、机具的故障识别 2）施工电动工具、器具、机具的维修和保养	（1）电动工具的故障、维修和保养	1）电动工具的故障识别 2）电动工具的维修方法 3）电动工具的保养要求	讲授法、实物演示法	2	1
2 测量放线	2.1 测量	2.1.1 能测量建筑物垂直度	1）建筑物垂直度测量的原理及方法	（1）建筑物垂直度测量的方法 （2）测量定位	1）测量仪器的选用 2）垂直度测量原理 3）垂直度测量方法	讲授法、实物演示法	4	1.9
		2.1.2 能测量定位室外道路、构筑物、景观	1）室外道路、构筑物、景观测量定位的方法		1）测量定位方法 2）测量数据处理 3）测量应用案例			
	2.2 放线	2.2.1 能引测水准点	1）水准点引测的方法步骤 2）编写水准点引测方案	（1）水准点的引测	1）水准点引测方法概述 2）水准点引测的方法步骤 3）编写水准点引测方案	讲授法、实物演示法	4	1.9
		2.2.2 能引测建筑物基坑边线、轴网控制线	1）建筑物基坑边线、轴网控制线引测的方法		1）确定放线点位 2）控制线引测与复测放点 3）精确定位			
3 工程施工	3.1 加工制作	3.1.1 能制作梁板柱模板（C）	1）梁、板、柱模板制作加工 2）梁、板、柱模板配置	（1)梁、板、柱模板的制作	1）模板制作及加工的一般要求 2）模板的加工检验 3）模板的配置方法 4）梁板柱模板体系的配置	讲授法、实物演示法	3	1.5
		3.1.2 能依据架体方案，准备相应数量架体材料（C）	1）架体材料的准备方法	（1）架体材料准备	1）脚手架材料的要求 2）架体材料的准备方法（自有、租赁）		3	1.5

续表

乡村建设工匠木工高级培训要求				乡村建设工匠木工高级课程规范				
职业功能模块	培训课程	技能要求	培训细目	学习单元	学习内容	培训方法	培训学时	教程字数(万字)
3 工程施工	3.2 现场施工	3.2.1 能判断模板拆除时间（C）	1）模板拆除规定和要求 2）模板拆除时间的判断	（1）模板拆除时间判断	1）模板拆除的一般要求 2）现浇楼盖及框架结构拆模 3）现浇柱模板拆除 4）模板拆除时间的确认 5）模板的维护与修理	讲授法、实物演示法	4	2
		3.2.2 能拆除木模板（C）	1）木模板的拆除方法					
		3.2.3 能制做木门窗、木楼梯、木栏杆、扶手等简单木制品（C）	1）木门窗、木楼梯制作方法 2）木栏杆、扶手等简单木制品制作方法	（1）木门窗、木楼梯、栏杆、扶手等简单木制品制作	1）木门窗的制作与安装 2）木楼梯的制作与安装 3）木栏杆、扶手的制作与安装	讲授法、实物演示法	4	2
		3.2.4 能制作木屋架（C）	1）木屋架的类型和选料 2）木屋架的制作与安装 3）屋面檩条、椽条和屋面板的安装	（1）木屋架制作	1）木屋架的类型 2）木屋架的选料 3）木屋架的制作 4）木屋架的安装 5）屋面檩条、椽条和屋面板的安装	讲授法、实物演示法	4	2
		3.2.5 能对木屋架进行防腐处理（C）	1）木屋架防腐的使用环境 2）木屋架防腐、防火处理	（1）木屋架防腐、防火	1）木屋架的使用环境 2）木屋架的防腐处理 3）木屋架的防火处理	讲授法、实物演示法	3	1.4
4 质量验收	4.1 质量检查	4.1.1 能检查木门窗、木楼梯、栏杆、扶手等简单木制品尺寸、垂直度、平整度、方正等制作质量（C）	1）木门窗的质量检查方法 2）木楼梯的质量检查方法 3）栏杆、扶手等简单木制品质量检查方法	（1）木制构件的检查	1）木门窗质量检查 2）木楼梯质量检查 3）栏杆、扶手的质量检查	讲授法	1	0.4

续表

乡村建设工匠木工高级培训要求				乡村建设工匠木工高级课程规范				
职业功能模块	培训课程	技能要求	培训细目	学习单元	学习内容	培训方法	培训学时	教程字数(万字)
4 质量验收	4.1 质量检查	4.1.2 能检查木屋架尺寸、水平度、连接强度等制作质量（C）	1）木屋架尺寸、水平度、连接强度等制作质量的检查方法	（1）木屋架制作的质量检查	1）木屋架制作的质量标准 2）木屋架安装的质量标准 3）木骨架安装的质量标准	讲授法	1	0.4
		4.1.3 能检查木屋架防腐处理质量（C）	1）木屋架防腐处理质量的检查方法	（1）木屋架防腐处理质量检查	1）木屋架防腐防腐剂吸收量检查 2）防护剂透入度检测			
		4.1.4 能编写施工日志	1）施工日志编写的格式和内容	（1）施工日志编写	1）施工日志编写的格式 2）施工日志编写的内容			
	4.2 质量问题处理	4.2.1 能处理木门窗、木楼梯、木栏杆、扶手等简单木制品尺寸、垂直度、平整度、方正等不合格问题（C）	1）木门窗不合格问题处理方法 2）木楼梯不合格问题处理方法 3）木栏杆、扶手等简单木制品不合格问题处理方法	（1）木屋架制作不合格问题处理方法	1）木门窗不合格问题处理方法（变形、翘曲、松动、不垂直、缝隙不均匀） 2）木楼梯不合格问题处理方法（尺寸不合格、垂直度不合格、平整度不合格、榫头松动、斜梁翘曲和踏步不平） 3）栏杆、扶手不合格问题处理方法	讲授法	1	0.4
		4.2.2 能处理木屋架尺寸、水平度、连接强度等不合格问题（C）	1）木屋架尺寸、水平度、连接强度等不合格问题处理方法	（1）木屋架	1）木屋架高度超差较大问题处理 2）槽齿不合、锯割过线问题处理 3）木屋架安装位置不准问题处理			
		4.2.3 能处理木屋架防腐厚度不足问题（C）	1）防腐厚度不足的危害 2）木屋架防腐厚度不足问题处理方法	（1）木屋架防腐厚度不足问题处理	1）防腐厚度不足的危害 2）防腐厚度不足的处理方法			
							42	20

乡村建设水电安装工培训大纲

一、制定依据

为加强乡村建设工匠培训管理工作，规范教学行为，提高培训质量，根据《乡村建设工匠国家职业标准（2024年版）》确定的四个职业方向（乡村建设泥瓦工、乡村建设钢筋工、乡村建设木工、乡村建设水电安装工）、五个职业等级（初级、中级、高级、技师、高级技师），以及本职业基本要求、工作要求、权重表等方面内容，并按照住房和城乡建设部的相关要求，制定本大纲。

二、性质、目的和任务

本培训大纲以《乡村建设工匠国家职业标准（2024年版）》为依据，以提高职业技能为核心，以职业活动为导向，承上启下建立职业标准与职业技能培训要求及培训课程之间的联系。

本培训大纲根据乡村建设工匠职业培训教学规律，明确培训课程内容和教材结构，制定清晰的教材编写大纲，指导后续系列各职业方向培训教材的编写工作。

通过本培训大纲及相关课程的理论学习和实际操作教学，培养造就一支高素质、职业化、扎根乡村、服务乡村建设的工匠队伍，为提高农房质量安全水平、全面实施乡村建设行动提供有力的人才支撑。

三、教学基本要求

（1）以提高职业技能为核心，以职业活动为导向，突出乡村建设工匠职业培训和资质认证的实用性，打破习惯上的知识的完整性和系统性。

（2）按照“用什么，学什么，考什么”的原则，强化乡村建设工匠各职业方向应掌握的知识点，做到应学应知、应知应会。

（3）学习理论知识的同时，注重实际技能操作，以培养乡村建设能工巧匠为目标。

（4）授课应以国家职业标准和培训大纲为依据。在完成规定教学内容的基础上，可适当补充新技术、新方法、新设备内容，以更新知识、扩大视野，但考试不能脱离标准和培训大纲。

四、培训教学学时安排

乡村建设工匠培训教学学时安排如下：

乡村建设工匠等级	五级和四级	三级	二级和一级
国家职业技能标准规定培训学时	80	66	52
培训标准学时	80 （理论 24、技能 56）	66 （理论 24、技能 42）	52 （理论 24、技能 28）

每 1 个标准学时为 45～50 分钟。

每个学员的理论培训时间每天不得超过 8 个学时，技能操作时间每天不得超过 4 个学时。

五、大纲说明

（1）本教材培训教学大纲适用于参加乡村建设工匠培训的人员。

（2）本教材培训教学大纲为指导性教学大纲，各地在使用时应依据本职业的国家职业技能标准，结合实际情况，制定实施性培训教学大纲。

（3）鉴于乡村建设工匠职业刚刚列入大典，各地培训基地、培训机构与师资队伍建设及相关考核评价机制尚需进一步完善，大纲未涉及二级 / 技师和一级 / 高级技师的技能培训内容。后续根据培训工作实际进展和成效，在经验总结的基础上再行修订培训大纲。

六、基础知识教材内容大纲

表 1　基础知识教材内容结构表

基础知识培训要求			基础知识培训课程规范				
基础知识模块	培训课程	培训细目	学习单元	学习内容	培训方法	培训学时	教程字数(万字)
职业道德基本知识	1. 职业道德的内涵、特征与作用	1）职业道德的内涵 2）职业道德的特征 3）职业道德的作用	1. 职业道德	1）职业道德概述 2）职业道德主要范畴 3）乡村建设工匠职业道德	讲授法	1	0.6
职业守则	1. 质量至上、安全第一	1）质量安全意识 2）质量安全事故	1. 职业守则	1）质量安全意识概述 2）工程建设质量安全事故案例剖析	讲授法	2	1.2
	2. 爱岗敬业、忠于职守	1）爱岗敬业 2）忠于职守		1）爱岗敬业精神与模范人物 2）忠于职守精神与模范人物			
	3. 遵纪守法、团结互助	1）建设行业主要法律法规 2）团结互助		1）建设行业主要法律法规 2）工匠协作精神			
	4. 严谨务实、诚实守信	1）严谨务实 2）诚实守信		1）严谨务实、传承创新 2）诚实守信、立身之本			
	5. 钻研技术、勇于创新	1）能工巧匠 2）创新精神		1）能工巧匠与钻研精神 2）乡村建设需要创新精神			

续表

基础知识培训要求			基础知识培训课程规范				
基础知识模块	培训课程	培训细目	学习单元	学习内容	培训方法	培训学时	教程字数(万字)
识图知识	1. 建筑识图基本知识	1）建筑识图基本知识 2）建筑施工图 3）结构施工图 4）水、暖、电施工图	1. 建筑识图基本知识	1）乡村建筑识图基本知识 2）建筑施工图图例解读 3）结构施工图图例解读（高级工） 4）水、暖、电施工图图例解读（高级工）	讲授法、讨论	1	0.6
	2. 建筑结构与构造基本知识	1）建筑构造基本知识 2）建筑结构构造基本知识	1. 建筑与结构构造基本知识	1）乡村建筑类型 2）建筑结构与类型 3）建筑构造与做法 4）建筑结构构造与做法（高级工）	讲授法、讨论	2	1.2
计算知识	1. 建筑面积计算知识	1）建筑面积的概念 2）建筑面积计算规则 3）建筑面积计算实例	1. 建筑面积计算知识	1）建筑面积的基本概念 2）建筑面积计算的基本规定 3）建筑面积计算方法算例演示	讲授法、讨论、演示法	1	0.6
	2. 基础土方量计算知识	1）土方量的概念 2）土方量计算原理和方法 3）土方量计算实例	1. 基础土方量计算	1）土方量的概念及基础知识 2）计算土方量的原理和方法 3）土方量计算方法算例演示（高级工）			
	3. 钢筋、混凝土与块材、模板、架体材料用量计算知识	1）钢筋工程量计算基础 2）混凝土工程量计算基础 3）块材工程量计算基础 4）钢筋工程量计算规则与计算实例 5）混凝土工程量计算规则与计算实例	1. 钢筋、混凝土与块材工程量计算	1）钢筋工程量计算基础和规则 2）混凝土工程量计算基础和规则 3）块材工程量计算基础和规则 4）钢筋工程量计算算例演示（高级工） 5）混凝土工程量计算算例演示（高级工） 6）块材工程量计算算例演示（高级工）	讲授法、演示法	1	0.6
		1）模板工程量计算 2）架体工程量计算 3）模板工程量计算规则与计算实例 4）架体工程量计算规则与计算实例	2. 模板和架体工程量计算	1）模板工程量计算基本知识 2）架体工程量计算基本知识 3）模板工程量计算规则 4）架体工程量计算规则 5）模板工程量计算算例演示（高级工） 6）架体工程量计算算例演示（高级工）			

续表

基础知识培训要求			基础知识培训课程规范				
基础知识模块	培训课程	培训细目	学习单元	学习内容	培训方法	培训学时	教程字数(万字)
计算知识	4. 水电材料用量计算知识	1）水电材料工程量计算基本知识 2）水电材料工程量计算规则 3）水电材料工程量计算实例	1. 水电材料工程量计算	1）水电材料工程量计算基本知识 2）水电材料工程量计算规则 3）水电材料工程量计算算例演示（高级工）	讲授法、演示法	1	0.6
测量知识	1. 钢尺、铅垂仪、水准仪、经纬仪使用、保养相关知识	1）工程测量的概念 2）测量仪器的使用与保养	1. 工程测量与测量仪器	1）工程测量的概念与任务 2）测量工作的流程 3）常用测量仪器使用介绍 4）常用测量仪器保养介绍	讲授法	2	1.2
	2. 水准测量方法相关知识	1）水准测量的原理 2）水准测量实施方法和成果整理 3）水准仪的检验与校正 4）水准测量的误差	1. 水准测量方法	1）水准测量的原理 2）水准测量的仪器和工具 3）水准仪的使用方法 4）水准测量的实施及成果整理（高级工） 5）水准仪的检验与校正（高级工） 6）水准测量误差及注意事项（高级工）	讲授法	1	0.6
	3. 角度测量方法相关知识	1）角度测量的原理 2）角度测量的方法 3）经纬仪的检验与校正 4）水平角观测的误差分析	1. 角度测量方法	1）角度测量的原理 2）光学经纬仪的度盘读数 3）水平角观测 4）垂直角观测 5）经纬仪的检验与校正（高级工） 6）水平角观测的误差分析（高级工）	讲授法	1	0.6
工程材料知识	1. 钢筋、混凝土、砂浆、水泥、砂子、石子、块材等规格型号知识	1）常用建筑钢材规格及性能 2）混凝土材料规格及性能 3）砂浆材料规格及性能 4）水泥材料规格及性能 5）建筑用砂、石的规格 6）建筑用砌体块材的规格及要求	1. 常用建筑钢材	1）常用建筑钢材及钢筋的规格 2）钢材的力学性能	讲授法、讨论法	1	0.6
			2. 混凝土材料	1）混凝土材料的组成 2）混凝土强度等级 3）混凝土材料的外加剂和掺合料 4）混凝土材料的技术性能			

续表

基础知识培训要求			基础知识培训课程规范				
基础知识模块	培训课程	培训细目	学习单元	学习内容	培训方法	培训学时	教程字数(万字)
工程材料知识	1. 钢筋、混凝土、砂浆、水泥、砂子、石子、块材等规格型号知识	1）常用建筑钢材规格及性能 2）混凝土材料规格及性能 3）砂浆材料规格及性能 4）水泥材料规格及性能 5）建筑用砂、石的规格 6）建筑用砌体块材的规格及要求	3. 砂浆	1）建筑砂浆的类型 2）砂浆强度等级 3）砂浆的外加剂及对砂浆性能的影响 4）砂浆的技术性能	讲授法、讨论法	1	0.6
			4. 水泥	1）常用水泥的分类 2）常用水泥的技术要求 3）常用水泥的特性及应用			
			5. 砂、石规格	1）砂、石的分类和规格 2）砂、石的含泥量和有害杂质 3）颗粒级配的概念 4）砂、石的物理性能指标			
			6. 建筑用块材	1）常用建筑块材的分类 2）常用建筑块材的规格 3）常用建筑块材的物理性能			
	2. 水管、线管、电线、电缆、桥架、配电箱等规格型号知识	1）建筑用水管材料规格型号 2）建筑用线管材料规格型号 3）建筑用电线、电缆规格型号 4）建筑用桥架类型 5）建筑用配电箱规格	1. 给水管	1）水管的分类 2）给水管及其配件 3）如何选择给水管材	讲授法、实物示教法	2	1.3
			2. 排水管	1）排水管及其配件 2）如何选择排水管材			
			3. 线管	1）线管的分类及特点 2）线管的选择			
			4. 电线、电缆	1）电线、电缆的分类与规格 2）电线与电缆的区别 3）常用电线规格、型号及用途 4）常用电缆的规格、型号 5）选择电线的标准 6）选择电缆的标准			
			5. 桥架	1）桥架的作用 2）桥架的分类、规格及用途特点			
			6. 配电箱	1）配电箱的用途及类别 2）农村住宅配电箱的选择			

续表

<table>
<tr><th colspan="3">基础知识培训要求</th><th colspan="5">基础知识培训课程规范</th></tr>
<tr><th>基础知识模块</th><th>培训课程</th><th>培训细目</th><th>学习单元</th><th>学习内容</th><th>培训方法</th><th>培训学时</th><th>教程字数(万字)</th></tr>
<tr><td rowspan="4">工程材料知识</td><td rowspan="4">3. 模板、钢管脚手架、竹木脚手架、门式脚手架等规格型号知识</td><td rowspan="4">1）模板工程用材料规格
2）建筑钢管脚手架基本知识
3）竹木脚手架基本知识
4）门式脚手架基本知识</td><td>1. 建筑模板</td><td>1）模板的作用及要求
2）模板系统的组成
3）木模板的组成、特点及构造
4）钢模板的组成、特点及构造</td><td rowspan="4">讲授法、讨论法</td><td rowspan="4">2</td><td rowspan="4">1.3</td></tr>
<tr><td>2. 建筑钢管脚手架</td><td>1）钢管脚手架的构造要求
2）钢管脚手架各构件的作用与要求</td></tr>
<tr><td>3. 竹木脚手架</td><td>1）竹木脚手架的构造要求
2）竹木脚手架各构件的作用与要求</td></tr>
<tr><td>4. 门式脚手架</td><td>1）门式脚手架的基本结构
2）门式脚手架各构件的作用与要求</td></tr>
<tr><td rowspan="4">劳动保护、安全知识</td><td rowspan="3">1. 职业健康、劳动保护、安全生产相关基本知识</td><td rowspan="3">1）职业健康相关基本知识
2）劳动保护相关基本知识
3）安全生产相关基本知识</td><td>1. 职业健康</td><td>1）职业健康的定义与标准
2）建筑工地常见职业病
3）职业病预防措施</td><td rowspan="3">讲授法</td><td rowspan="3">1</td><td rowspan="3">0.6</td></tr>
<tr><td>2. 劳动保护</td><td>1）劳动保护政策与法规
2）建筑工地劳动保护用品
3）劳动保护培训与教育</td></tr>
<tr><td>3. 安全生产</td><td>1）安全生产理念、方针和机制
2）施工现场安全环境
3）安全生产的原则
4）安全事故的分类及原因
5）发生安全事故的应急处理方法</td></tr>
<tr><td>2. 消防、现场救护相关基本知识</td><td>1）消防相关基本知识
2）现场救护相关基本知识</td><td>1. 消防保护</td><td>1）建筑工地消防安全概述
2）施工现场易发生火灾的场所
3）火灾的分类与特性
4）建筑工地火灾的起因与预防措施
5）建筑工地消防安全设施及使用方法
6）建筑工地火灾的应急处理及逃生方法
7）建筑工地消防安全的宣传教育与培训</td><td>讲授法、演示法</td><td>1</td><td>0.6</td></tr>
</table>

续表

基础知识培训要求			基础知识培训课程规范				
基础知识模块	培训课程	培训细目	学习单元	学习内容	培训方法	培训学时	教程字数(万字)
劳动保护、安全知识	2. 消防、现场救护相关基本知识	1）消防相关基本知识 2）现场救护相关基本知识	2. 现场救护	1）现场急救的概念和急救步骤 2）施工现场的应急处理设备和设施 3）施工现场应急处理方法（火灾急救、严重创伤出血伤员的救治、外伤急救四项基本技术、急性中毒的现场处理、触电事故的应急处理）	讲授法、演示法	1	0.6
环境保护、文明施工知识	1. 施工现场环境保护相关知识	1）施工现场环境保护原则和要求 2）施工现场环境保护的措施 3）施工现场环境污染及处理方法	1. 施工现场环境保护	1）施工现场环境保护的原则和要求 2）常见的施工环境污染 3）施工现场环境保护的措施 4）施工现场环境污染的处理方法（大气污染的处理、水污染的处理、噪声污染的处理、固体废物污染的处理以及光污染的处理）	讲授法、观摩法	1	0.6
	2. 成品、半成品保护相关知识	1）成品保护的概念 2）成品、半成品保护措施及制度 3）成品、半成品保护资料记录 4）成品、半成品保护方案编制	1. 成品、半成品保护	1）成品保护的概念 2）成品、半成品保护措施 3）成品、半成品保护制度 4）成品、半成品保护资料记录 5）成品、半成品保护方案编制	讲授法、演示法	1	0.6
	3. 文明施工相关知识	1）文明施工的内容 2）文明施工的要求	1. 文明施工	1）文明施工的要求和目标 2）文明施工的主要内容	讲授法、讨论法	1	0.6
相关法律、法规知识	1.《中华人民共和国土地管理法》相关知识	1）土地的分类和权属 2）耕地与宅基地制度	1. 乡村建设土地管理法、城乡规划法、建筑法	1）土地的分类 2）土地的权属 3）耕地制度 4）宅基地制度	讲授法	1	1
	2.《中华人民共和国城乡规划法》相关知识	1）城乡规划法五项原则 2）城乡规划法五项制度		1）城乡规划法五项原则（城乡统筹原则、合理布局原则、节约土地原则、集约发展原则、先规划后建设原则） 2）城乡规划法五项制度（规划编制和审批制度、建设项目规划管理制度、规划修改制度、规划监督检查制度、违反规划法律责任追究制度）			

续表

基础知识培训要求			基础知识培训课程规范				
基础知识模块	培训课程	培训细目	学习单元	学习内容	培训方法	培训学时	教程字数(万字)
相关法律、法规知识	3.《中华人民共和国建筑法》相关知识	1）宅基地的申请和使用 2）宅基地的标准和限制 3）农村建房施工资质的相关规定	1. 乡村建设土地管理法、城乡规划法、建筑法	1）农村宅基地上建房有“六不准” 2）宅基地的申请和使用 3）宅基地的标准和限制 4）农村建房施工资质的相关规定	讲授法	1	1
	4.《中华人民共和国劳动合同法》相关知识	1）《中华人民共和国劳动合同法》基本知识	2. 劳动合同法、安全生产法和产品质量法基本知识	1）劳动合同无效或者部分无效 2）竞业限制 3）劳动合同的履行和变更 4）劳动合同的解除和终止			
	5.《中华人民共和国安全生产法》相关知识	1）安全生产方针 2）安全生产法律法规与法律制度 3）特种作业人员安全生产职业规范和岗位职责		1）安全生产方针 2）安全生产法律法规与法律制度 3）特种作业人员安全生产职业规范和岗位职责			
	6.《中华人民共和国产品质量法》相关知识	1）了解产品质量法 2）了解产品质量法的监督管理 3）学习生产者、经营者在产品质量方面的义务和责任 4）了解违反产品质量法的法律责任		1）产品质量法概述 2）产品质量法的监督管理 3）生产者、经营者在产品质量方面的义务和责任 4）违反产品质量法的法律责任			
	7.《中华人民共和国劳动法》相关知识	1）了解劳动法的主要内容 2）了解工作时间、休息休假和工资 3）了解职业培训、社会保险和劳动争议	3. 劳动法、环境保护法和消防法基本知识	1）劳动法概述 2）劳动法的主要内容 3）工作时间和休息休假、工资 4）职业培训 5）社会保险和福利 6）劳动争议			
	8.《中华人民共和国环境保护法》相关知识	1）了解环境保护法 2）了解环境保护法总则 3）关注建筑工程中的环境保护与法律责任		1）环境保护法的内涵 2）保护和改善环境 3）防止污染和其他公害 4）在建筑工程中怎样保护环境 5）法律责任			
	9.《中华人民共和国消防法》相关知识	1）了解消防法 2）了解火灾预防与法律责任		1）制定消防法的原因 2）火灾预防 3）法律责任			

续表

基础知识培训要求			基础知识培训课程规范				
基础知识模块	培训课程	培训细目	学习单元	学习内容	培训方法	培训学时	教程字数(万字)
相关法律、法规知识	10.《建设工程质量管理条例》相关知识	1）了解《建设工程质量管理条例》总则 2）了解建筑工程单位的责任和义务 3）了解建设工程质量保修和监督检查	4. 建设工程质量管理条例和特种设备安全监督检查办法基本知识	1）《建设工程质量管理条例》总则 2）建设单位的质量责任和义务 3）勘察、设计单位的质量责任和义务 4）施工单位的质量责任和义务 5）工程监理单位的质量责任和义务 6）建设工程质量保修和监督检查 7）特种设备安全监察的定义、含义和特点 8）特种设备安全监察适用范围和管理特点 9）接受特种设备安全监察的机构和重点监察对象	讲授法	1	1
	11.《特种设备安全监督检查办法》相关知识	1）了解特种设备安全监察 2）特种设备安全监察适用范围和管理特点 3）接受特种设备安全监察的机构和重点监察对象					
						24	15

注：学习内容后面标注高级工等级的为高级工应掌握的学习内容，未标注的为所有等级都应掌握的学习内容。

七、职业技能等级教材内容大纲

表 2　五级 / 初级工职业技能教材内容结构表

乡村建设工匠水电安装工初级培训要求				乡村建设工匠水电安装工初级课程规范				
职业功能模块	工作内容	技能要求	培训细目	学习单元	学习内容	培训方法	培训学时	教程字数(万字)
1 施工准备	1.1 作业条件准备	1.1.1 能穿戴安全帽、绝缘鞋、防护手套等防护装备	1）安全帽穿戴方法及要求 2）绝缘鞋穿戴方法及要求 3）防护手套等防护装备的穿戴方法及要求 4）安全绳和安全带的佩戴 5）护听器的佩戴	（1）防护装备穿戴方法及要求	1）安全帽的穿戴方法及要求 2）绝缘鞋穿戴方法及要求 3）防护手套等防护装备的穿戴方法及要求 4）安全绳和安全带的佩戴方法及要求 5）护听器的佩戴方法及要求	讲授法、实物演示法	1	0.3

续表

乡村建设工匠水电安装工初级培训要求				乡村建设工匠水电安装工初级课程规范				
职业功能模块	工作内容	技能要求	培训细目	学习单元	学习内容	培训方法	培训学时	教程字数(万字)
1 施工准备	1.1 作业条件准备	1.1.2 能检查手持电钻及更换电池	1）手持电钻检查方法 2）更换电池的方法	（1）手持电钻的使用	1）手持电钻检查方法 2）更换电池的方法	讲授法、实物演示法	1	0.3
		1.1.3 能检查无齿锯及更换刀片	1）无齿锯检查方法 2）更换刀片的方法	（1）无齿锯的使用	1）无齿锯检查方法 2）更换刀片的方法			
		1.1.4 能使用手持灭火器	1）手持灭火器的使用方法和要求	（1）手持灭火器的使用	1）手持灭火器的使用方法 2）手持灭火器的注意事项			
	1.2 材料准备	1.2.1 能区分现场钢筋型号	1）钢筋的型号 2）钢筋型号的识别	（1）钢筋的型号	1）钢筋型号的表示方法 2）钢筋型号的现场识别	讲授法、演示法	2	0.5
		1.2.2 能区分木方、模板、脚手架等辅助材料型号	1）木方的型号 2）模板的分类 3）脚手架的分类	（1）木方、模板、脚手架	1）木方的型号 2）模板的分类 3）脚手架的分类			
		1.2.3 能分类码放不同型号、规格的材料	1）钢筋的码放要求与标识 2）水泥、砌筑材料、木方、模板、脚手架等的码放要求与标识 3）木方、模板、脚手架等辅助材料的成品保护	（1）材料的码放与标识 （2）材料的现场保护	1）钢筋的码放要求与标识 2）水泥、砌筑材料的码放要求与标识 3）木方、模板、脚手架等的码放要求与标识 4）木方、模板、脚手架等辅助材料的成品保护	讲授法	2	0.5
	1.3 施工机具准备	1.3.1 能识别现场机具开关箱位置	1）现场机具开关箱位置识别 2）现场常用机具及配电	（1）开关箱位置识别及机具配电	1）现场机具开关箱位置识别 2）现场常用机具及配电	讲授法、实物演示法	2	0.5
		1.3.2 能使用开关箱进行设备通、断电	1）设备通、断电的步骤及要求	（1）设备通、断电的步骤及要求	1）设备通、断电准备工作 2）设备通、断电步骤 3）设备通、断电检查工作			

续表

乡村建设工匠水电安装工初级培训要求				乡村建设工匠水电安装工初级课程规范				
职业功能模块	工作内容	技能要求	培训细目	学习单元	学习内容	培训方法	培训学时	教程字数(万字)
2 测量放线	2.1 测量	2.1.1 能区分不同长度单位、角度单位、重量单位	1）长度、角度和质量的度量单位区分	（1）建筑的单位和换算	1）长度单位的区分 2）角度单位的区分 3）质量单位的区分	讲授法	5	1.4
		2.1.2 能换算不同长度单位、角度单位、重量单位	1）长度、角度和质量的度量单位换算		1）长度单位的换算 2）角度单位的换算 3）质量单位的换算			
	2.2 放线	2.2.1 能区分各种放线工具的使用方法	1）认识各种放线工具及使用方法	（1）建筑的测量与放线	1）认识放线工具 2）学习放线工具的使用方法	讲授法	6	1.6
		2.2.2 能将现场放线位置与图纸位置相对应	1）现场放线位置与图纸位置对应的方法		1）测量放线的基本知识（控制点、放线、沉降观察、仪器工具） 2）详解房屋的测量放线			
3 工程施工	3.1 加工制作	3.1.1 能依据材料单进行塑料管线的加工制作（D）	1）塑料管线加工制作方法	（1）塑料管线加工	1）塑料管线加工制作方法	讲授法、实物演示法	4	1
		3.1.2 能依据材料单进行阀门、管件、灯具、开关等的归类（D）	1）阀门的归类方法 2）管件的归类方法 3）灯具的归类方法 4）开关的归类方法	（1）阀门、管件、灯具、开关的分类	1）阀门的分类 2）管件的分类 3）灯具的分类 4）开关的分类	讲授法	4	1
	3.2 现场施工	3.2.1 能安装给水排水管道支、吊架（D）	1）给水排水管道支、吊架的安装方法	（1）给水排水管道支、吊架安装和固定方法	1）给水排水管道支制作要点 2）管道支、吊架安装方法	讲授法、实物演示法	10	2.7
		3.2.2 能进行管道与支、吊架固定（D）	1）管道与支、吊架的固定方法		1）管道与支、吊架固定方法			

续表

乡村建设工匠水电安装工初级培训要求				乡村建设工匠水电安装工初级课程规范				
职业功能模块	工作内容	技能要求	培训细目	学习单元	学习内容	培训方法	培训学时	教程字数(万字)
3 工程施工	3.2 现场施工	3.2.3 能安装卫生器具、灯具、开关、电箱、插座等（D）	1）卫生器具、灯具、开关、电箱、插座等安装施工工艺流程及施工要领	（1）卫生器具、灯具、开关、电箱、插座安装方法	1）卫生器具安装施工工艺流程及施工要领 2）灯具安装施工工艺流程及施工要领 3）开关安装施工工艺流程及施工要领 4）电箱安装施工工艺流程及施工要领 5）插座安装施工工艺流程及施工要领	讲授法、实物演示法	10	2.7
4 质量验收	4.1 质量检查	4.1.1 能检查给水排水管道支、吊架间距（D）	1）给水排水管道支、吊架间距检查方法	（1）给水排水管道支、吊架间距检查	1）室内给水排水管道（钢管）的支、吊架间距检查标准 2）室内给水排水管道（塑料管、复合管）的支、吊架间距检查标准	讲授法、实物演示法	1	0.3
		4.1.2 能检查管道与支、吊架固定的牢固程度（D）	1）管道与支、吊架固定牢固程度检查方法 2）管道与支、吊架固定无损检测 3）管道与支、吊架固定压力试验	（1）管道与支、吊架固定的牢固程度检查	1）管道与支、吊架固定牢固程度检查内容（焊接检查、螺钉紧固、支撑和固定、管道挠度） 2）管道与支、吊架固定无损检测 3）管道与支、吊架固定压力试验 4）管道与支、吊架固定外观检查			
		4.1.3 能检查卫生器具、灯具、开关、电箱、插座等安装质量（D）	1）卫生器具、灯具、开关、电箱、插座等安装质量检查内容和方法	（1）器具和灯具安装质量检查	1）卫生器具安装质量检查内容和方法 2）灯具安装质量检查内容和方法 3）开关安装质量检查内容和方法 4）电箱安装质量检查内容和方法 5）插座安装质量检查内容和方法			

续表

乡村建设工匠水电安装工初级培训要求				乡村建设工匠水电安装工初级课程规范				
职业功能模块	工作内容	技能要求	培训细目	学习单元	学习内容	培训方法	培训学时	教程字数(万字)
4 质量验收	4.2 质量问题处理	4.2.1 能处理给水排水管道支、吊架间距过大问题（D）	1)给水排水管道支、吊架间距过大处理方法及注意事项	（1）给水排水管道支、吊架间距过大处理	1）给水排水管道支、吊架间距过大问题概述 2）给水排水管道支、吊架间距过大处理方法 3）给水排水管道支、吊架间距过大处理注意事项	讲授法、实物演示法	1	0.3
		4.2.2 能处理管道与支、吊架固定不牢固问题（D）	1）管道与支、吊架固定不牢固处理方法及注意事项	（1）管道与支、吊架固定不牢固处理	1）管道与支、吊架固定不牢固问题概述 2）管道与支、吊架固定不牢固问题处理方法 3）管道与支、吊架固定不牢固问题处理注意事项			
		4.2.3 能处理卫生器具、灯具、开关、电箱、插座等安装不牢固问题（D）	1）掌握卫生器具、灯具、开关、电箱、插座不合格处理方法	（1）卫生器具、灯具、开关、电箱、插座等安装不牢固处理	1）卫生器具安装质量不合格处理方法 2）灯具安装质量不合格处理方法 3）开关安装质量不合格处理方法 4）电箱安装质量不合格处理方法 5）插座安装质量不合格处理方法	讲授法、实物演示法	1	0.3
							56	15

表 3　四级／中级工 职业技能教材内容结构表

乡村建设工匠水电安装工初级培训要求				乡村建设工匠水电安装工初级课程规范				
职业功能模块	培训课程	技能要求	培训细目	学习单元	学习内容	培训方法	培训学时	教程字数(万字)
1 施工准备	1.1 作业条件准备	1.1.1 能搭设安全防护棚	1）安全防护棚搭设技术要点和施工要求 2）编写安全防护棚搭设方案	（1）安全防护棚的搭设	1）安全防护棚搭设要求与规范 2）安全防护棚施工要点 3）编写安全防护棚搭设方案	讲授法	2	0.5
		1.1.2 能搭设钢管扣件或竹木外脚手架	1）钢管扣件脚手架搭设的方法 2）竹木外脚手架搭设的方法	（1）钢管扣件或竹木外脚手架的搭设	1）脚手架基础构架认识 2）竹木外脚手架的搭设技术要求 3）钢管扣件脚手架搭设技术要求	讲授法、实物演示法	2	0.5
		1.1.3 能进行基础、主体、装修等不同阶段施工现场作业条件清理准备	1）基础、主体、装修等不同阶段施工现场作业条件的清理准备	（1）施工现场作业条件的清理准备	1）基础阶段作业条件清理准备的要求 2）主体阶段作业条件清理准备的要求 3）装修阶段作业条件清理准备的要求			
		1.1.4 能使用消火栓、消防水带	1）消火栓、消防水带 2）消火栓和消防水带的使用方法	（1）消防准备	1）消火栓和消防水带 2）消火栓的使用方法 3）消防水带的使用方法			
	1.2 材料准备	1.2.1 能设置建筑材料在施工现场的不同位置	1）建筑材料在施工现场位置设置的方法 2）建筑材料在施工现场不同位置放置数量的要求	（1）建筑材料施工准备	1）材料堆放的基本要求 2）建筑材料放置的要求（砖、木材、模板和钢材等） 3）建筑材料放置数量的技术要求	讲授法、实物演示法	3	0.8
		1.2.2 能计算建筑材料在施工现场不同位置的放置数量						
	1.3 施工机具准备	1.3.1 能检查电动工具与开关箱连接情况并上报	1）电动工具与开关箱连接情况检查及上报的要求 2）手持电钻、无齿锯、钢筋调直机、钢筋弯曲机等施工工具、器具、机具的保管要求	（1）常用施工机具准备	1）常用电动工具施工前检查 2）常用电动工具的操作方法 3）常用电动工具的保养 4）常用电动工具的保管场所和人员安排 5）常用电动工具的保管方式和巡查	讲授法、实物演示法	3	0.8
		1.3.2 能保管手持电钻、无齿锯、钢筋调直机、钢筋弯曲机等施工工具、器具、机具						

续表

乡村建设工匠水电安装工初级培训要求				乡村建设工匠水电安装工初级课程规范				
职业功能模块	培训课程	技能要求	培训细目	学习单元	学习内容	培训方法	培训学时	教程字数(万字)
2 测量放线	2.1 测量	2.1.1 能测量构部件的长度、宽度、厚度 2.1.2 能依据控制线测量定位构部件现场位置	1）构部件长度、宽度、厚度测量的相关知识 2）构部件现场位置测量定位的方法	（1）房屋构部件的测量	1）房屋构部件的测量相关知识 2）房屋构部件现场测量方法	讲授法、实物演示法	5	1.3
	2.2 放线	2.2.1 能引测结构施工控制线 2.2.2 能引测装饰施工控制线 2.2.3 能引测建筑物各层轴线、控制线	1）结构施工控制线引测的方法 2）装饰施工控制线引测的方法 3）建筑物各层轴线、控制线引测的方法	（1）建筑放线	1）放线的基本知识 2）水平控制线的引测方法 3）建筑物各层标高的引测方法 4）建筑物各层轴线、控制线的引测方法	讲授法、实物演示法	6	1.6
3 工程施工	3.1 加工制作	3.1.1 能依据下料单进行管线加工制作（D）	1）依据下料单加工制作管线的工艺流程和操作规程	（1）依据下料单加工制作管线	1）管线加工制作方法工艺流程 2）管线加工制作方法操作规程	讲授法、实物演示法	4	1
		3.1.2 能对阀门、管件、灯具等进行外观检查（D）	1）阀门、管件、灯具等外观检查内容、方法和步骤	（1）阀门、管件、灯具等外观检查	1）阀门外观检查内容、方法和步骤 2）管件外观检查内容、方法和步骤 3）灯具外观检查内容、方法和步骤	讲授法、实物演示法	4	1
	3.2 现场施工	3.2.1 能安装给水排水管道（D）	1）室内外给水排水管道安装方法	（1）给水排水管道的安装	1）室外给水排水管道安装方法 2）室内给水排水管道安装方法	讲授法、实物演示法	5	1.4
		3.2.2 能安装电线管、盒(D)	1）电线管、盒安装准备 2）电线管、盒安装方法 3）检测与调试、验收交付	（1）电线管、盒的安装方法	1）电线管、盒安装准备 2）电线管加工和敷设 3）电线盒安装 4）安装完穿线、检测与调试、验收交付	讲授法、实物演示法	5	1.4

续表

乡村建设工匠水电安装工初级培训要求				乡村建设工匠水电安装工初级课程规范				
职业功能模块	培训课程	技能要求	培训细目	学习单元	学习内容	培训方法	培训学时	教程字数(万字)
3 工程施工	3.2 现场施工	3.2.3 能安装桥架及电缆（D）	1）桥架及电缆安装准备工作 2）桥架及电缆安装方法 3）质量检测验收	（1）桥架及电缆的安装	1）桥架及电缆安装准备 2）桥架及电缆安装测量与规划 3）安装桥架 4）电缆布防 5）安装安全措施及质量检测验收	讲授法、实物演示法	5	1.4
		3.2.4 能敷设弱电线路（D）	1）弱电线路敷设方式 2）弱电线路敷设方法 3）测试验收和文档记录	（1）弱电线路的敷设方法	1）确定敷设方式 2）选择路径和预埋管线 3）安装固定件 4）标识弱电线路 5）测试验收和文档记录 6）维护管理	讲授法、实物演示法	5	1.4
4 质量验收	4.1 质量检查	4.1.1 能检查给水排水管道严密性、牢固度（D）	1）给水排水管道严密性、牢固度检查的方法	（1）给水排水管道严密性、牢固度的检查	1）管道连接处严密性检测 2）管道支撑结构牢固度检测 3）管道与建筑物连接部位密封性检测 4）管道穿越基础、墙体牢固度检测 5）管道与设备口的牢固度检测 6）管道支撑与设备接口的牢固性检测 7）管道穿越河流、道路等特殊地段牢固性检测 8）管道与阀门、管件的连接牢固度检测 9）管道防渗性、防腐蚀措施的检测	讲授法、实物演示法	1	0.3

续表

<table>
<tr><th colspan="4">乡村建设工匠水电安装工初级培训要求</th><th colspan="5">乡村建设工匠水电安装工初级课程规范</th></tr>
<tr><th>职业功能模块</th><th>培训课程</th><th>技能要求</th><th>培训细目</th><th>学习单元</th><th>学习内容</th><th>培训方法</th><th>培训学时</th><th>教程字数(万字)</th></tr>
<tr><td rowspan="3">4 质量验收</td><td rowspan="3">4.1 质量检查</td><td>4.1.2 能检查电线管、盒连接牢固程度（D）</td><td>1）电线管、盒连接牢固程度的检查方法</td><td>（1）电线管、盒连接牢固程度的检查</td><td>1）连接方式检查
2）固定螺钉紧固检查
3）支架安装牢固性检查
4）接地连接情况检查
5）管口处理及保护措施检查
6）盒体及面板固定情况检查
7）暗盒安装质量检查
8）管路和线槽的连接情况检查</td><td rowspan="3">讲授法、实物演示法</td><td rowspan="3">1</td><td rowspan="3">0.3</td></tr>
<tr><td>4.1.3 能检查桥架连接牢固程度及电缆接头质量（D）</td><td>1）桥架连接牢固程度及电缆接头质量的检查方法（D）</td><td>（1）桥架连接牢固程度及电缆接头质量的检查</td><td>1）检查连接件的完好程度
2）检查连接处螺钉紧固
3）检查焊接质量和防腐涂层
4）检查外观质量
5）检查跨接处和固定支架牢固程度
6）检查支架间距
7）接头材料质量检查
8）接头结构完整性
9）绝缘层厚度检查</td></tr>
<tr><td>4.1.4 能检查弱电线路连接质量（D）</td><td>1）弱电线路连接质量的检查方法</td><td>（1）弱电线路连接质量的检查</td><td>1）线路完整性检查
2）线路固定检查
3）线路标识检查
4）线路、接口绝缘检查
5）防雷、接地检查
6）线路保护装置检查</td></tr>
</table>

续表

乡村建设工匠水电安装工初级培训要求				乡村建设工匠水电安装工初级课程规范				
职业功能模块	培训课程	技能要求	培训细目	学习单元	学习内容	培训方法	培训学时	教程字数（万字）
4 质量验收	4.2 质量问题处理	4.2.1 能处理给水排水管道严密性、牢固程度等不合格问题（D）	1）排水管道严密性、牢固程度等不合格问题 2）排水管道严密性、牢固程度等不合格问题方法及注意事项	（1）给水排水管道严密性、牢固程度等不合格问题的处理	1）给水排水管道严密性、牢固程度等不合格问题描述 2）给水排水管道严密性、牢固程度等不合格问题整改方法 3）给水排水管道严密性、牢固程度等不合格问题实施步骤和注意事项	讲授法、实物演示法	1	0.3
		4.2.2 能处理电线管、盒连接不牢固问题（D）	1）管、盒连接不牢固问题 2）管、盒连接不合格问题整改方法及注意事项	（1）电线管、盒连接不牢固的处理方法	1）电线管、盒连接不合格问题描述 2）电线管、盒连接不合格问题整改方法 3）电线管、盒连接不合格问题实施步骤和注意事项	讲授法、实物演示法	1	0.3
		4.2.3 能处理桥架连接牢固程度及电缆接头质量不合格问题（D）	1）桥架连接牢固程度不合格问题 2）电缆接头质量不合格问题	（1）桥架连接牢固程度及电缆接头质量不合格问题的处理方法	1）桥架连接牢固程度及电缆接头质量不合格问题描述 2）桥架连接牢固程度及电缆接头质量不合格问题整改方法 3）桥架连接牢固程度及电缆接头质量不合格问题实施步骤和注意事项			
		4.2.4 能排除弱电线路故障（D）	1）弱电线路故障 2）弱电线路故障问题的整改	（1）弱电线路故障的排除	1）弱电线路故障问题描述 2）弱电线路故障问题整改方法 3）弱电线路故障问题实施步骤和注意事项			
							56	15

表 4　三级／高级工职业技能教材内容结构表

乡村建设工匠水电安装工高级培训要求				乡村建设工匠水电安装工高级课程规范				
职业功能模块	培训课程	技能要求	培训细目	学习单元	学习内容	培训方法	培训学时	教程字数(万字)
1 施工准备	1.1 作业条件准备	1.1.1 能识别施工现场安全隐患	1）劳动防护用品佩戴安全隐患识别 2）高处作业和用电安全隐患识别 3）施工现场消防安全隐患识别	（1）施工现场安全隐患的识别	1）劳动防护用品佩戴安全隐患识别 2）高处作业安全隐患识别 3）安全用电安全隐患识别 4）施工现场消防安全隐患识别	讲授法、实物演示法	1	0.4
		1.1.2 能使用电动助力推车运送材料	1）电动助力推车的特点 2）电动助力推车的使用方法、注意事项及维护保养	（1）电动助力推车的使用	1）电动助力推车的特点 2）电动助力推车的使用方法 3）电动助力推车的注意事项 4）电动助力推车的维护保养	讲授法、实物演示法	1	0.4
		1.1.3 能设定施工现场消防器材摆放位置	1）施工现场消防器材摆放位置设定的方法	（1）消防器材摆放位置	1）灭火器材设置点的要求 2）灭火器材的摆放要求	讲授法	1	0.4
		1.1.4 能对照、识别详图与平面图	1）建筑、结构平面图识图与详图索引方法 2）平面图对照详图案例解读	（1）建筑和结构平面图和详图识图	1）建筑平面图识图与详图索引方法 2）结构平面图识图与详图索引方法 3）平面图对照详图案例解读	讲授法	1	0.4
	1.2 材料准备	1.2.1 能判别进场钢筋外观质量	1）钢筋外观质量判别方法和判别要点	（1）钢筋、块材和管线外观质量判别	1）钢筋外观质量判别方法 2）钢筋外观质量判别要点	讲授法、实物演示法	3	1.4
		1.2.2 能判别进场块材外观质量	1）块材外观质量判别方法和判别要点		1）块材外观质量判别方法 2）块材外观质量判别要点			
		1.2.3 能判别进场管线外观质量	1）管线外观质量判别方法和判别要点		1）管线外观质量判别方法 2）管线外观质量判别要点			

续表

乡村建设工匠水电安装工高级培训要求				乡村建设工匠水电安装工高级课程规范				
职业功能模块	培训课程	技能要求	培训细目	学习单元	学习内容	培训方法	培训学时	教程字数(万字)
1 施工准备	1.2 材料准备	1.2.4 能判别进场防水材料外观质量	1）防水材料外观质量判别方法和判别要点	（1）防水材料外观质量判别;饰面砖、踢脚线、吊顶等装修材料外观质量判别	1）防水材料外观质量判别方法 2）防水材料外观质量判别要点	讲授法、实物演示法	2	1
		1.2.5 能判别进场饰面砖、踢脚线、吊顶等装修材料外观质量	1）饰面砖、踢脚线、吊顶等装修材料外观质量判别方法和判别要点		1）饰面砖、踢脚线、吊顶等装修材料外观质量判别方法 2）饰面砖、踢脚线、吊顶等装修材料外观质量判别要点			
	1.3 施工机具准备	1.3.1 能保养手持电钻、无齿锯、钢筋调直机、钢筋弯曲机等施工工具、器具、机具	1）施工电动工具、器具、机具的故障识别 2）施工电动工具、器具、机具的维修和保养	（1）电动工具的故障、维修和保养	1）电动工具的故障识别 2）电动工具的维修方法 3）电动工具的保养要求	讲授法、实物演示法	2	1
		1.3.2 能识别并排除手持电钻、无齿锯、钢筋调直机、钢筋弯曲机等施工工具、器具、机具的故障						
2 测量放线	2.1 测量	2.1.1 能测量建筑物垂直度	1）建筑物垂直度测量的原理及方法	（1）建筑物垂直度测量的方法 （2）测量定位	1）测量仪器的选用 2）垂直度测量原理 3）垂直度测量方法	讲授法、实物演示法	4	1.9
		2.1.2 能测量定位室外道路、构筑物、景观	1）室外道路、构筑物、景观测量定位的方法		1）测量定位方法 2）测量数据处理 3）测量应用案例			
	2.2 放线	2.2.1 能引测水准点	1）水准点引测的方法步骤 2）水准点引测方案	（1）水准点的引测	1）水准点引测方法概述 2）水准点引测的方法步骤 3）编写水准点引测方案	讲授法、实物演示法	4	1.9

续表

乡村建设工匠水电安装工高级培训要求				乡村建设工匠水电安装工高级课程规范				
职业功能模块	培训课程	技能要求	培训细目	学习单元	学习内容	培训方法	培训学时	教程字数(万字)
2 测量放线	2.2 放线	2.2.2 能引测建筑物基坑边线、轴网控制线	1）建筑物基坑边线、轴网控制线引测的方法	（1）水准点的引测	1）确定放线点位 2）控制线引测与复测 3）精确定位	讲授法、实物演示法	4	1.9
3 工程施工	3.1 加工制作	3.1.1 能使用钳形电流表、摇表等进行电气测量（D）	1）钳形电流表、摇表等电气仪表的使用 2）测量结果分析与验收	（1）钳形电流表、摇表等电气仪表的使用方法与结果分析	1）准备工作 2）测量操作 3）数据处理 4）结果分析与验收 5）测量过程的控制与注意事项	讲授法、实物演示法	3	1.5
		3.1.2 能测试接地电阻（D）	1）接地电阻测试方法	（1）接地电阻测试方法	1）接地电阻测试方法 2）接地电阻测试注意事项	讲授法、实物演示法	3	1.5
	3.2 现场施工	3.2.1 能进行电气线管穿线施工（D）	1）电气线管穿线施工准备和方法 2）电气线管穿线注意事项	（1）电气线管穿线施工	1）电气线管穿线施工准备工作内容 2）电气线管穿线施工方法 3）电气线管穿线注意事项	讲授法、实物演示法	3	1.5
		3.2.2 能安装配电系统保护装置（D）	1）配电系统保护装置安装准备和方法 2）配电系统保护装置安装注意事项	（1）配电系统保护装置安装	1）配电系统保护装置安装准备工作内容 2）配电系统保护装置安装方法 3）配电系统保护装置安装注意事项	讲授法、实物演示法	3	1.5
		3.2.3 能安装防雷接地系统（D）	1）防雷接地系统安装准备和方法 2）防雷接地系统安装注意事项	（1）防雷接地系统安装	1）防雷接地系统安装准备工作内容 2）防雷接地系统安装方法 3）防雷接地系统安装注意事项	讲授法、实物演示法	3	1.5

续表

乡村建设工匠水电安装工高级培训要求				乡村建设工匠水电安装工高级课程规范				
职业功能模块	培训课程	技能要求	培训细目	学习单元	学习内容	培训方法	培训学时	教程字数(万字)
3 工程施工	3.2 现场施工	3.2.4 能进行强、弱电工程设备、终端和相关部、器件的安装（D）	1）强、弱电工程设备、终端和相关部、器件安装准备和方法 2）强、弱电工程设备、终端和相关部、器件安装注意事项	（1）强、弱电工程设备、终端和相关部、器件安装	1）强、弱电工程设备、终端和相关部、器件安装准备工作内容 2）强、弱电工程设备、终端和相关部、器件安装方法 3）强、弱电工程设备、终端和相关部、器件安装注意事项	讲授法、实物演示法	3	1.5
		3.2.5 能安装阀门、仪表及相关附件（D）	1）阀门、仪表及相关附件安装准备和方法 2）阀门、仪表及相关附件安装注意事项	（1）阀门、仪表及相关附件安装	1）阀门、仪表及相关附件安装准备工作内容 2）阀门、仪表及相关附件安装方法 3）阀门、仪表及相关附件安装注意事项	讲授法、实物演示法	3	1.5
4 质量验收	4.1 质量检查	4.1.1 能检查电气线管穿线质量（D）	1）电气线管穿线质量检查内容和准备工作 2）电气线管穿线质量检查方法和质量验收标准 3）电气线管穿线质量检查注意事项	（1）电气线管穿线质量检查	1）电气线管穿线质量检查内容 2）电气线管穿线质量检查准备工作 3）电气线管穿线质量检查方法和质量验收标准 4）电气线管穿线质量检查注意事项	讲授法、实物演示法	1	0.3
		4.1.2 能检查配电系统保护装置安装质量（D）	1）配电系统保护装置安装质量检查内容和准备工作 2）配电系统保护装置安装质量检查方法和质量验收标准 3）配电系统保护装置安装质量检查注意事项	（1）配电系统保护装置安装质量检查	1）配电系统保护装置安装质量检查内容 2）配电系统保护装置安装质量检查准备工作 3）配电系统保护装置安装质量检查方法和质量验收标准 4）配电系统保护装置安装质量检查注意事项			

续表

乡村建设工匠水电安装工高级培训要求				乡村建设工匠水电安装工高级课程规范				
职业功能模块	培训课程	技能要求	培训细目	学习单元	学习内容	培训方法	培训学时	教程字数(万字)
4 质量验收	4.1 质量检查	4.1.3 能检查防雷接地系统质量（D）	1）防雷接地系统质量检查内容和准备工作 2）防雷接地系统质量检查方法和质量验收标准 3）防雷接地系统质量检查注意事项	（1）防雷接地系统质量检查	1）防雷接地系统质量检查内容 2）防雷接地系统质量检查准备工作 3）防雷接地系统质量检查方法和质量验收标准 4）防雷接地系统质量检查注意事项	讲授法、实物演示法	1	0.3
		4.1.4 能检查强、弱电工程设备、终端和相关部件、器件安装质量（D）	1）强、弱电工程设备、终端和相关部件、器件安装质量检查内容和准备工作 2）强、弱电工程设备、终端和相关部件、器件安装质量检查方法和质量验收标准 3）强、弱电工程设备、终端和相关部件、器件安装质量检查注意事项	（1）强、弱电工程设备、终端和相关部件、器件安装质量检查	1）强、弱电工程设备、终端和相关部件、器件安装质量检查内容 2）强、弱电工程设备、终端和相关部件、器件安装质量检查准备工作 3）强、弱电工程设备、终端和相关部件、器件安装质量检查方法和质量验收标准 4）强、弱电工程设备、终端和相关部件、器件安装质量检查注意事项			
		4.1.5 能检查阀门、仪表及相关附件安装质量（D）	1）阀门、仪表及相关附件安装质量检查内容和准备工作 2）阀门、仪表及相关附件安装质量检查方法和质量验收标准 3）阀门、仪表及相关附件安装质量检查注意事项	（1）阀门、仪表及相关附件安装质量检查	1）阀门、仪表及相关附件安装质量检查内容 2）阀门、仪表及相关附件安装质量检查准备工作 3）阀门、仪表及相关附件安装质量检查方法和质量验收标准 4）阀门、仪表及相关附件安装质量检查注意事项			

续表

乡村建设工匠水电安装工高级培训要求				乡村建设工匠水电安装工高级课程规范				
职业功能模块	培训课程	技能要求	培训细目	学习单元	学习内容	培训方法	培训学时	教程字数(万字)
4 质量验收	4.1 质量检查	4.1.6 能编写施工日志	1）施工日志编写的目的和主要内容 2）施工日志编写的方法和技巧	（1）施工日志编写	1）施工日志编写的目的 2）施工日志编写的主要内容 3）施工日志编写的方法技巧	讲授法、实物演示法	1	0.3
	4.2 质量问题处理	4.2.1 能处理电气线管无法穿电线问题（D）	1）电气线管无法穿电线问题 2）电气线管无法穿电线问题整改方法及注意事项	（1）电气线管无法穿电线问题处理方法	1）电气线管无法穿电线问题描述 2）电气线管无法穿电线问题整改方法 3）电气线管无法穿电线问题实施步骤和注意事项	讲授法、实物演示法	1	0.4
		4.2.2 能处理配电系统保护装置失效问题（D）	1）配电系统保护装置失效问题 2）配电系统保护装置失效问题整改方法及注意事项	（1）配电系统保护装置失效问题处理方法	1）配电系统保护装置失效问题描述 2）配电系统保护装置失效问题整改方法 3）配电系统保护装置失效问题实施步骤和注意事项			
		4.2.3 能处理防雷接地系统未连接问题（D）	1）防雷接地系统未连接问题 2）防雷接地系统未连接问题整改方法及注意事项	（1）防雷接地系统未连接问题方法	1）防雷接地系统未连接问题描述 2）防雷接地系统未连接问题整改方法 3）防雷接地系统未连接问题实施步骤和注意事项			
		4.2.4 能处理强、弱电工程设备、终端不运行的问题	1）了解强、弱电工程设备、终端不运行问题 2）强、弱电工程设备、终端不运行问题整改方法及注意事项	（1）强、弱电工程设备、终端不运行问题处理方法	1）强、弱电工程设备、终端不运行问题描述 2）强、弱电工程设备、终端不运行问题整改方法 3）强、弱电工程设备、终端不运行问题实施步骤和注意事项			

续表

乡村建设工匠水电安装工高级培训要求				乡村建设工匠水电安装工高级课程规范				
职业功能模块	培训课程	技能要求	培训细目	学习单元	学习内容	培训方法	培训学时	教程字数(万字)
4 质量验收	4.2 质量问题处理	4.2.5 能处理强、弱电工程设备、终端相关部、器件安装不牢固问题（D）	1）强、弱电工程设备、终端相关部、器件安装不牢固问题 2）强、弱电工程设备、终端相关部、器件安装不牢固问题整改方法及注意事项	（1）强、弱电工程设备、终端相关部、器件安装不牢固问题处理方法	1）强、弱电工程设备、终端相关部、器件安装不牢固问题描述 2）强、弱电工程设备、终端相关部、器件安装不牢固问题整改方法 3）强、弱电工程设备、终端相关部、器件安装不牢固问题实施步骤和注意事项	讲授法、实物演示法	1	0.4
		4.2.6 能处理阀门、仪表及相关附件安装紧固度不足、渗漏等问题（D）	1）仪表及相关附件安装紧固度不足、渗漏等问题 2）阀门、仪表及相关附件安装紧固度不足、渗漏等问题整改方法及注意事项	（1）阀门、仪表及相关附件安装紧固度不足、渗漏等问题处理方法	1）阀门、仪表及相关附件安装紧固度不足、渗漏等问题描述 2）阀门、仪表及相关附件安装紧固度不足、渗漏等问题整改方法 3）阀门、仪表及相关附件安装紧固度不足、渗漏等问题实施步骤和注意事项			
							42	20